Step1 SOLID WORKS Simulation

기계설계기사 해석

문석봉 저

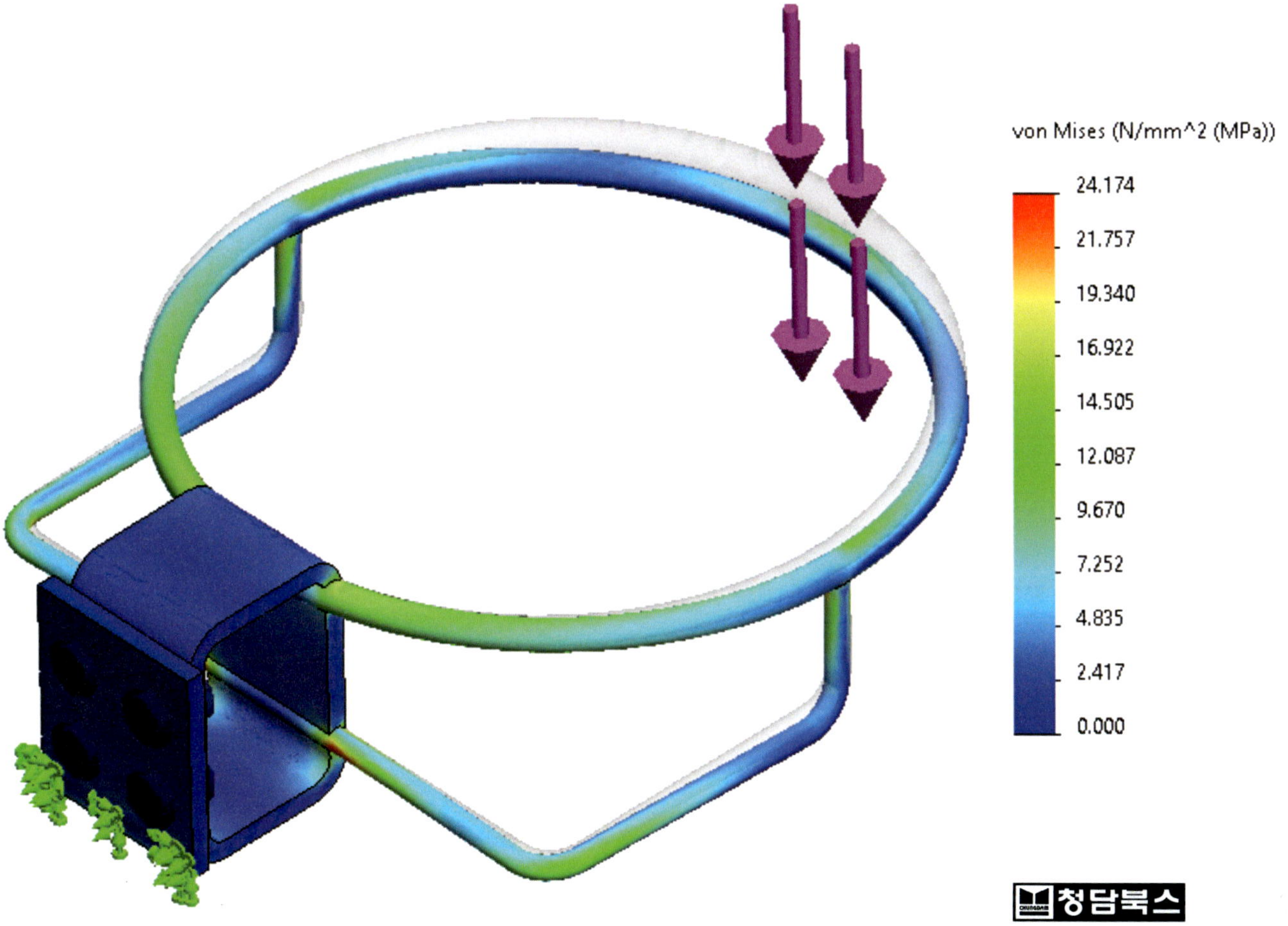

청담북스

Preface

Step 1 SOLIDWORKS Simulation 을 통해서 제조업 프로세스에서 요구되는 정적구조해석의 기반을 다지기를 원합니다. 따라서 연습하는데 무리없도록 상세한 이미지와 설명을 수록하였습니다. 과제를 통해 예제의 목적을 확인하고, 작성하고, 모범 결과와 비교하도록 가이드 하였습니다. 또한 실습 파일과 결과 파일이 따로 구분되어 있기에 미흡한 부분을 스스로 체크합니다.

그러므로, 솔리드웍스 모델링과 도면에 대한 기초 지식이 없어도 따라하기에 무리가 없습니다.

실습파일은 중립파일이기에 솔리드웍스 버전에 관계없이 사용가능하며, 실습 결과 파일은 2022년 버전에서 작업하였습니다.

3가지 순서와 부록의 내용은 다음과 같습니다.

- 사각중공판을 통해 구조해석, 열전달, 열응력, 모달해석의 기본적인 사용방법을 익힙니다.
- 기계설계기사 실기에서 출제된 유형을 활용하여 구조해석, 열전달, 열응력, 모달해석을 연습합니다.
- 조립품으로 구성된 실제 해석을 경험합니다.
- [과정평가] 기계설계기사 과년도 기출 문제를 수록하였습니다.

**from him and through him and to him are all things.
To him be glory forever (Roman 11:36)**

Contents

Chapter. 01
중공판을 활용한 기초 해석

01 유한 요소 모델   6
    1.1 유한 요소 모델과 물성치   7
    1.2 절점과 요소   11

02 정적구조해석   14
    2.1 하중 조건의 종류   15
    2.2 후처리 - 플롯 편집   19
    2.3 이론 모델의 응력 집중 계수   27
    2.4 메시 컨트롤 활용   28

03 열전달 해석   33
    3.1 열해석 기초   34
    3.2 열전달   36

04 열응력 해석   40
    4.1 열응력   41

05 동적구조 해석   47
    5.1 모달해석   47
    5.2 지지 조건이 없는 경우   52

Chapter. 02
기계설계기사 실기 해석 [1과제~5과제]

01 [과정평가] 기계설계기사 예제 1   56
02 [과정평가] 기계설계기사 예제 2   76
03 [과정평가] 기계설계기사 예제 3   95
03 [과정평가] 기계설계기사 연습 1   104
06 [과정평가] 기계설계기사 연습 2   110
06 대칭 모델 – 핸드폰 거치대   117
    6.1 대칭 모델 작성   119
    6.2 가상벽   122

07 베어링 하중 – 동력전달장치 본체   134
    7.1 베어링 하중   137

Chapter. 03
정적 구조 해석

01 플라이어(수공구)의 접촉 조건 — 150
   1.1 조립품의 접촉 조건 — 153

02 농구대의 지지대 — 158
   2.1 볼트 컨넥터 — 160

03 시저형 고소 작업대의 반력 — 164
   3.1 핀 컨넥터 — 167

부록
[과정평가] 기계설계기사 지필 과년도 문제

01 2023년 2회 — 174
02 2023년 6회 — 181
03 2024년 1회 — 187

Chapter

중공판을 활용한 기초 해석

01 유한 요소 모델

가. 주어진 3D CAD 데이터(Step 파일또는 Parasolid 파일)를 이용하여 정적구조해석을 위한 유한 요소 모델을 생성하고 요소 모델의 정보를 제공된 보고서양식에 따라 작성하시오.
  ※ CAD 모델(Step 파일또는 Parasolid 파일제공)

나. 제출보고서에는 주어진모델을 기준으로 결과를 가장 잘 표현할 수 있는 등각 view로나타내시오. 구조해석을 위한 유한요소 모델은 다음과 같이 생성하시오.
  1) 해석 모델에서 해석 과정에 영향을 미치지 않는 0.5mm 이하의 Chamfer, Fillet 및지름 1mm 이하의 Hole 형상을 제거하고 해석 모델의 메시(Mesh)를 생성하시오.
     - 기본 Mesh size는 1mm로설정하고, Fillet 및 Hole 등 응력 집중이 예상되는 곳에는 Mesh 품질을 적절하게 작업할 것
     - 10절점 4면체요소고차요소(10-Noded 3D Tetrahedral Element)를 사용할 것.
     - 재질은 다음 재료물성표를 이용하여 해석에 필요한 정보를 직접 입력하시오.

Mass Density (RHO)	$2.67 \times 10{-}6$ (kg/mm3)
Young's Modulus (E)	7 MPa
Poisson's Ratio (NU)	0.33
Yield Strength	1.1 e-1 MPa
Tensile Strength	2.9+e11 N/m^2
Thermal expansion coefficient	2.5 e-05 /K
Thermal conductivity	117 W/(m*K)
Material temperature	섭씨 25도

  2) 유한 요소 모델을 수행하고 그 결과를 보고서 양식에 따라 작성하시오.
     - 해석용 모델링 작업 보고서 작성 사항
       a. 원형모델등각 View
       b. 해석간소화모델등각 View
       c. 유한요소모델등각 View

      d. Node(절점) 개수
      e. Element(요소) 개수
      f. 사용소프트웨어이름
         ※ 유한요소 모델은 메시(Mesh) 형상이 나타나야 함

1.1 유한 요소 모델과 물성치

1) 유한요소모델 기초

SOLIDWORKS Simulation 은 유한요소해석을 사용하여 어떠한 형상도 해석할 수 있으며, 다양한 방법을 사용하여 지오메트리를 이상화하고 원하는 결과를 산출할 수 있어 국내외에서 많은 관심을 받고 있다. 분할 과정 즉 메시라고 하는 과정으로 지오메트리를 유한 요소라고 하는 비교적 작고 단순한 형태의 요소로 분할하는데, 메시의 종류에 따라 유한요소해석의 결과가 달라진다.

2) 불필요한 부분 제거/편집을 통한 단순화

해석을 진행함에 있어서 불필요한 구멍 및 필렛은 메시를 생성할 때 해석 결과에 큰 영향을 미치지 않는 불필요한 요소가 많이 만들어진다. CAD의 모델을 그대로 사용하기보다는 해석에 주요하게 영향을 미치지 않는 부분을 간략화 및 수정하여 해석에 적합한 모델로 만든다. 다만, 간략화를 통해 해석의 경계 및 하중 조건과 관계없고 해석의 관심 부분이 아닌 경우에만 삭제하도록 한다.

3) 물성치 번역

Mass Density (RHO)	질량 밀도
Young's Modulus (E)	탄성 계수
Poisson's Ratio (NU)	프아송 비
Yield Strength	항복 강도
Tensile Strength	인장강도, 극한 강도
Thermal expansion coefficient	열팽창 계수
Thermal conductivity	열전도율
Material temperature	재질 온도

가) 탄성 계수

탄성 계수는 재료의 탄성 구간에서 응력과 변형률의 비례 상수이다.

나) 프와송 비

재료가 수평 방향으로 하중이 작용하여 이 수평 방향으로 변형이 발생하면 수직방향으로도 변형이 발생한다. 프와송 비는 수직 방향의 변형률과 수평 방향의 변형률의 비이다.

다) 질량 밀도

선형 정적 해석에서는 하중 조건에 구조물의 중량(weight)을 포함시킬 경우에만 필요하다. 이 경우 중량은 질량 밀도와 중력 가속도의 외적으로 계산되며 사용자는 재질에서 질량 밀도를 정의하고 하중 조건으로 중력을 지정하면 된다.

라) 열팽창 계수(coefficient of thermal expansion)

열변형률 계산을 위한 재료의 열팽창 계수로 단위 온도당 변형률이다.

마) 열전도율

열 전도율은 열전달 해석에만 필요한 재료 정보이며 선형 정적 해석에서는 사용하지 않는다.

바) 재질 온도

온도차(temperature difference)를 계산하는 기준 온도이다. 실제 열변형률의 계산에 사용되는 것은 온도의 크기가 아니라 온도 차이다.

01 CAD 데이터 파일열기

파일>열기>에서 모든 파일로 설정 이후에 [사각 중공판] 파일을 연다.
"진단 불러오기를 실행할까요?" 아니오를 클릭한다.

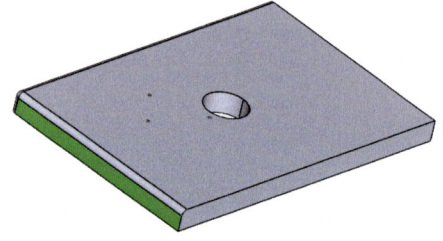

"피쳐 인식으로 작업을 진행하시겠습니다?" 아니오를 클릭한다.

문제에서 주어진 색 검토, 0.5mm 이하 fillet, 미세한 구멍을 확인한다.

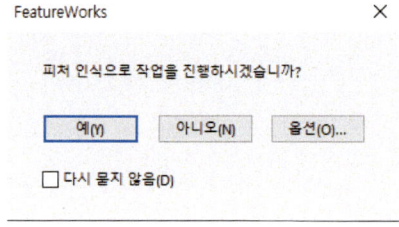

Chapter 01 중공판을 활용한 기초 해석

02 FeatureWorks 기능 활용

블러온 피쳐를 우 클릭후에 Featureworks를 클릭한다.

SOLIDWORKS의 피쳐 인식 기능을 활용하여 해석간소화를 실행한다. FeatureWorks기능에서 주어진 기능으로 설정한다.

FeatureWorks 대화창에서 자동,표준을 체크하고 확인을 클린한다.

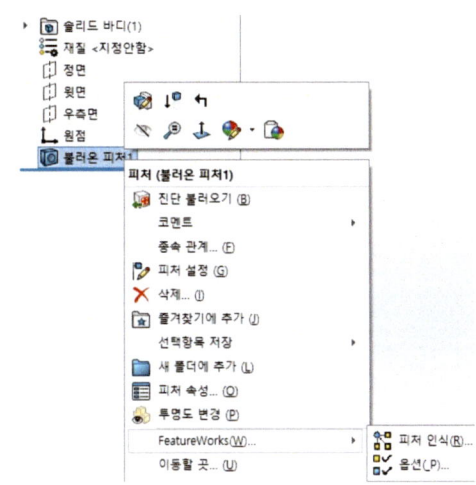

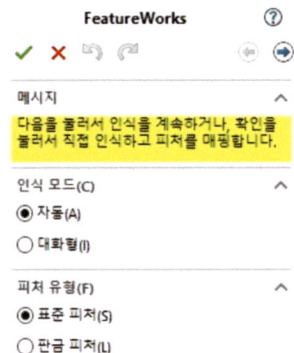

03 모델링 복원

문제에서 주어진 단색(초록색, 주황색)을 해당면에 동일하게 입힌다.
Feature manager tree 피쳐를 단독으로 클릭하여 변형된 형상과 검토한다.
면 적용에서 흰색 단색으로 교체한다.

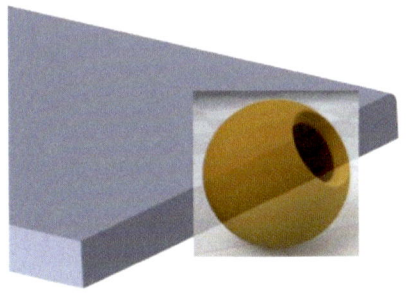

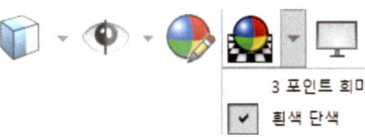

Step1 SOLIDWORKS Simulation

04 설정 추가

설접 탭을 클릭한다.

기존 설정을 "원형 모델"로 이름을 바꾼다.

05 해석 간소화 모델 추가

설정에서 "해석 간소화 모델"을 추가로 생성한다.

0.5 mm 라운드, 작은 구멍을 억제한다.

06 SOLIDWORKS 해석 애드인 도구, 애드인을 클릭한다.

SOLIDWORKS SIMULATION 을 선택한다.

확인을 클릭한다.

시작 > 확인은 다음에 소프트웨어를 실행 시에도
Simulation 모듈이 자동 실행된다.

07 SIMULATION 기본 단위 설정

풀다운메뉴 >Simulation>옵션을 클릭한다.

SOLIDWORKS Simulation 기본 옵션 아래에서 단위를 선택한다.

기본 옵션 아래에서 단위를 선택한다.
단위계를 SI(MKS)로, 길이/변위는 mm로, 응력을
N/mm^2(MPa)로 설정한다.

08 색상표 지정

플롯 폴더아래에서 색상표를 선택한다.

숫자 형식을 유동법으로 설정하고 소수점 자리 수를 3으로
설정한다.

이 창에서 모든 차트 옵션을 검토해본다.

확인을 클릭하여 옵션 창을 닫는다.

09 재질 속성 지정

재질 적용/편집을 클릭한다.
SOLIDWORKS Materials 폴더를 확장하고 새 라이브러리를 선택하고 새 재질을 생성한다.
1과제에서 주어진 재질 정보를 새 재질 정보에 입력한다.

속성	값	단위
탄성계수	7	N/mm^2
포아송비	0.33	해당 없음
전단계수		N/mm^2
질량 밀도	2670	kg/m^3
인장 강도	290000	N/mm^2
압축 강도		N/mm^2
항복 강도	0.11	N/mm^2
열 팽창 계수	2.5e-05	/K

10 스터디 작성

스터디를 클릭한다.

11 스터디 이름 설정

스터디 유형으로 정적 해석을 클릭한다.
이름에 "정적구조해석"을 입력하고 확인을 클릭한다.

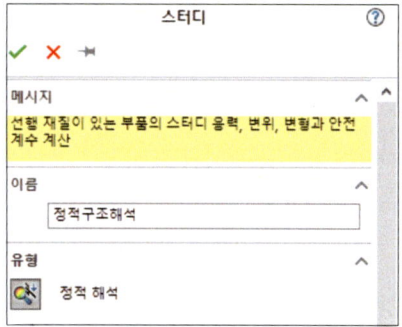

1.2 절점과 요소

1) 메시 작성

FEA 모델의 전처리 마지막 단계는 지오메트리 메시 작업이다. 이 단계에서는 지오메트리가 자동 메시를 통해 유한 요소로 분할된다. 자동 메시가 문제의 번거로운 부분을 자동으로 처리해주지만 메시 크기 및 품질을 제어하는 과정에 값을 입력해야 한다.

2) 표준 메시

작은 피쳐와 곡선 지오메트리를 표현할 때에는 메시에 큰 종횡 비 또는 메시 실패가 나타날 수 있다. 대칭 메시가 필요할 경우 이 메시 유형이 적합하다.

3) 곡률 기반 메시

곡률 기반 메시 알고리즘은 지오메트리에서 작은 피쳐의 정확한 해상도를 얻을 수 있도록 다양한 요소 크기의 메시를 생성한다. 곡률 기반 메시는 가장 빠른 메시로 간주되는 경우가 많지만 종횡비가 커질 수 있다.

4) 요소 크기

요소 크기는 메시의 특성 요소 크기를 나타내고 요소를 둘러싸는 지름을 정의된다. 곡률 기반 메시 알고리즘은 다양한 요소 크기의 메시를 생성하므로 최대 요소 크기와 최소 요소 크기는 요소 크기의 범위를 정의한다.

5) 원 안의 최소 요소 수

지오 메트리에서 작은 피쳐의 해상도 형식을 정의한다. 모델에 구멍이 있으면 원 안의 요소 수는 원을 둘러싼 요소 수를 정의한다. 오른쪽 이미지에서 보이는 것처럼 구멍을 둘러싼 최소 10개의 요소가 정의된다.

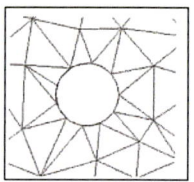

6) 10절점 4면체 고차 솔리드 요소 (10-Noded 3D Tetrahedral Element)

Solid 요소는 자동차 엔진, 두꺼운 벽 등과 같이 부피가 있는 구조물의 모델링에 주로 이용된다. Solid 요소는 사면체(tetrahedron), 오면체(pentahedron), 육면체(hexahedron) 모 양이며, 특히 4면체에서 중간 노드의 절점까지 더하면 10EA가 된다.

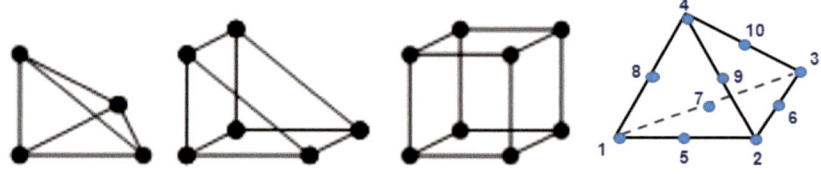

12 메시 작성

메시 작성을 클릭한다.

13 메시 속성 설정

메시 파라미터 탭을 확장한다. 곡률 기반 메시를 선택하고 최대 크기를 1mm 를 입력한다.

메시의 최대 크기는 1mm , 최소크기는 0.2mm이고, 원 안에서 최소 요소 수는 8이고, 요소 크기 성장률은 1,5이다.

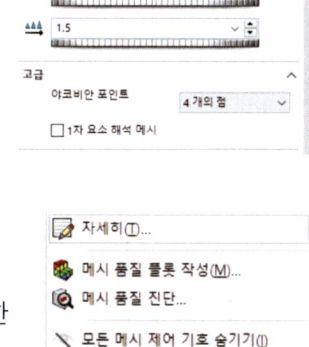

14 메시 품질 설정

고급 탭을 확장한다. (SOLIDWORKS 버전 2020이하인 경우)
1차 요소 해석 메시를 체크해제하여 고품질 요소 (2차요소) 를 사용한다. 2차 솔리드 요소는 10절점 4면체 고차요소(10-Noded 3D Tetrahedral Element) 를 의미한다.
확인을 클릭하여 메시를 생성한다.

15 메시 정보 표시

메시를 작성했으므로, 메시를 오른쪽 클릭하여 "자세히"를 선택하여 Node(절점) 개수 , Element(요소) 개수를 확인할 수 있다.

요소 크기	1 mm
공차	0.05 mm
메시 품질	고품질
총 절점수	14886
총 요소수	8980
최대 종횡비	3.452

02 정적구조해석

가. 1과제 유한요소모델 과제를 수행하고 만들어진 해석용 모델링을 이용하여, 정적 구조해석 경계조건 (하중조건, 구속조건)을 적용하여 정적구조해석을 수행하고, 해석 결과를 주어진 보고서의 양식에 따라 작성하시오.

나. 보고서를 작성할 때 필요한 그림 캡처는 주어진 모델을 기준으로 결과가 잘 나타날수 있는 등각 View 로 나타내시오.

다. 각종 결과값은 지시한 단위를 기준으로 소수점 이하 3자리까지 쓰시오.
   1) 아래 형상과 다음고려사항을 참조하여 경계조건(하중조건, 구속조건)을 부여하고 해석을 수행하시오.
      - 정적 구조 해석에 다음과 같은 경계조건을 부여하시오.
         a. ①의 1군데 초록색 면의 모든 자유도 구속
         b. ②의 1군데 분홍색면 Normal 방향 하중 1N 적용
         c. 해석 대상의 자중은 무시
   2) 정적 구조해석을 수행하고 그 결과를 보고서 양식에 따라 작성하시오.
      - 해석 결과보고서 작성 사항
         a. 지시된 경계조건이 적용되어 나타난 등각 View (경계 조건에 대한 표현은 사용하는 S/W에서 제공하는기능 이용)
            - 경계조건항목리스트(적용한 경계조건을 간략하게 명시)
         b. 변형량의 최대값과 그 방향 및 크기를 확인할 수 있는 View (변형 전 형상/변형 후 형상을 동시에 표시하도록 캡처하여 보고서 Template에 삽입하고, 변형량 값이 표시된 범례를 포함시킬 것)
         c. 응력 표시는 Nodal 값의 평균값을 사용하여 발생하는 von-Mises Stress의 최대값과 그위치 및크기를 알수있는 View (발생 응력의 최대값이 위치한 곳을 확인할 수 있는 형상을 캡처하여 보고서에 삽입하고 응력 값이 표시된 범례를 포함시킬 것)
         d. 항복 강도를 기준으로 한 안전 율(Safety Factor)

2.1 하중 조건의 종류

1) 정적 하중

구속 조건 뿐 아니라 모든 하중도 시간이 지나면서 변경되지 않는다고 가정한다. 실제로 모든 하중은 시간이 지나면서 변하지만 설계 해석을 위해 정적 하중으로 모델링한다.

2) 구속

정적 해석을 실행하려면 모델이 움직이지 않도록 적절히 고정되어 있어야 한다.
SOLDOWORKS Simulation 에는 모델을 고정하기 위한 다양한 구속이 지원된다.
일반적으로 구속은 다양한 방법으로 면, 모서리, 꼭지점에 적용할 수 있다.

3) 구속 유형

구속 및 구속 조건은 표준과 고급으로 그룹화 되어 있다.

- 고정 지오메트리 : 모든 이동 자유 도와 회전 이동 자유도가 구속된다.
  고정 지오메트리 구속조건에는 구속 조건이 적용되는 방향에 대한 정보가 필요하지 않다.
- 고정 : 평행이동을 고정하지만 회전 이동은 허용한다. 쉘 및 빔 요소로 작업할 때만 이용할 수 있고 솔리드 요소에는 이용할 수 없다.
- 롤러/슬라이더 : 평면에서 자유롭게 이동하나 평면에 수직방향으로 이동하지 못하게 한다. 면은 하중을 받으면 수축하거나 팽창할 수 있다.
- 고정 힌지 : 원통 면이 자체 축을 기준으로만 이동한다.
- 대칭 : 평평한 면에 사용할 수 있고 평면내 변위가 허용되고 평면에 수직 방향의 회전이 허용된다
- 반복적인 대칭 : 지정된 회전축 주변으로 정기적으로 회전시킬 경우 회전형 대칭 바디를 형성하는 선분을 구속한다.
- 참조 형상 : 면, 모서리, 꼭지점을 원하는 방향으로만 구속하고 다른 방향으로는 이동이 자유롭다. 선택한 참조 평면, 축, 모서리 또는 면을 기준으로 구속 조건의 원하는 방향을 지정한다.
- 2차원 면상 : 적용한 평면에 대해 세 개의 기본 방향으로 구속 조건을 정의한다.
- 원통면상 : 적용한 원통면에 대해 세 개의 기본 방향으로 구속 조건을 정의한다.
- 원구면상 : 적용한 원구면에 대해 세 개의 기본 방향으로 구속 조건을 정의한다.

4) 외부하중

- **하중** : 하중이나 모멘트를 선택한 참조 형상에 의해 정의된 방향으로 면, 모서리, 꼭지점에 적용한다.
- **토크** : 물체를 회전하게 만드는 모멘트이며 비틀림 모멘트라고도 한다. 일반적으로 고정된 축을 중심으로 회전시키는 모멘트를 의미하며 힘이 가해지는 부분으로부터의 거리와 힘이 곱해져서 토크(N·m)를 구할 수 있다. 모델의 원하는 부분에(점, 선, 면, 절점, 자유면 절점) 토크를 입력할 수 있으며 대상(점, 선, 면, 절점, 자유면 절점)을 선택한 후 참조 형상을 선택하여 회전축을 설정할 수 있다.
- **압력** : 선택한 기하 면에 작용하는 압력 하중이다. 압력은 단위 면적당 작용하는 분포 하중으로 단위는 [N/m2]이다. 그리고 대상기하면에 생성된 솔리드 요소의 요소 면에 부여되는 요소 하중이다. 단위 면적 당의 힘이므로 압력은 선택한 모든 대상면에 동일하게 부여된다. 사용자가 특정 방향을 압력 하중의 작용 방향으로 지정할 수도 있지만 대부분의 압력 하중은 면에 수직방향으로 작용한다. 실린더, 경사면, 임의의 형상의 곡면에 수직 방향으로 작용하는 분포 하중을 부여할 때에는 압력 하중을 이용하는 것이 편리하다.
- **중력** : 해석 모델의 중량을 표현하는 하중이다. 재질 대화 상자에서 입력한 질량 밀도와 중력 가속도(g), 그리고 프로그램이 계산하는 해석 모델의 체적(V)의 곱으로 계산되는 중량이 지정한 방향의 하중으로 작용한다. 중력 대화 상자의 중력 가속도는 작업 단위계 기준으로 프로그램이 기본값을 제공한다. 특별한 이유가 없는 한 중력은 기준 좌표계와 반대 방향으로 작용하므로(예: -Z축 방향) 중력 가속도의 부호(-)에 주의가 필요하다.
- **원심력** : 물체를 회전하게 만드는 모델을 특정한 축에 대하여 회전을 시킬 때 각속도(angular velocity)와 각 가속도(angular acceleration)에 의한 회전력을 모델링하는 데에 사용된다. 하중 방향을 설정하는 방법에는 기본 하중과 참조 형상 기준 하중이 있다. 기본 하중은 원점과 축의 좌표를 입력하여 회전축을 정의할 수 있고 참조 형상 기준 하중은 회전축을 참조 형상으로 선택하여 방향을 설정할 수 있으며, 참조 형상은 선 또는 면으로 선택할 수 있다. 선을 선택하면 선이 생성된 방향에 대하여 회전력이 생성되고, 면을 선택하면 면의 수직 방향에 대하여 회전력이 생성된다.
- **베어링 하중** : 베어링 하중은 접촉하는 원통면 사이에 정의된다. 베어링이 지지하고 있는 물체에 의해 발생하는 하중을 편리하게 입력할 수 있도록 제공되는 기능이며 베어링과 맞닿는 부분(면)에 베어링 하중을 입력할 수 있다.
- **원격 하중/질량** : 연결된 구조물에 의해 전달되는 하중을 의미한다.
- **분포 질량** : 분포 질량은 모델에서 기능 억제되거나 포함되지 않는 부품의 질량을 시뮬레이션하기 위해 선택한 면에 적용된다.
- **온도** : 온도 하중(temperature load)선택한 파트의 온도 변화에 의한 열변형을 계산하기 위한 온도(T)를 지정한다. 그리고 온도 차를 계산하기 위한 기준 참조 온도는 열하중 옵션창에서 지정할 수 있다.

01 파일 열기

[1과제] 에서 메시 생성까지 진행한 사각 중공판 파일을 불러온다. 정적구조해석 해석 탭을 활성화한다.

02 고정 구속 조건 정의

구속을 클릭한다. 표준 탭을 확장하고 고정 지오메트리를 클릭하고 초록색 지지 면을 선택하여 구조 조건을 정의한다. 확인을 클릭한다.

03 구속 이름 바꾸기

천천히 두 번 클릭하여 구속 이름을 Fixed side로 바꾼다.

04 하중 정의

외부 하중 우클릭 후에 하중을 클릭 한 후, 1 N의 인장력을 분홍색 면에 적용한다.

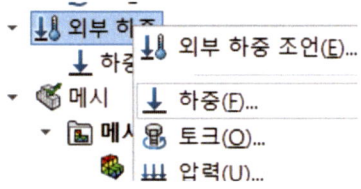

유형 영역에서 수직을 선택하고 단위 대화상자에서 SI를 선택한 다음 힘에 1 N을 입력한다.

반대 방향을 선택하여 인장력을 정의한다.
반대 방향 확인란의 선택을 취소하면 압축 하중이 발생한다. 확인을 클릭한다.

05 하중 이름 바꾸기

이 하중 정의 이름을 Tensile force로 바꾼다.

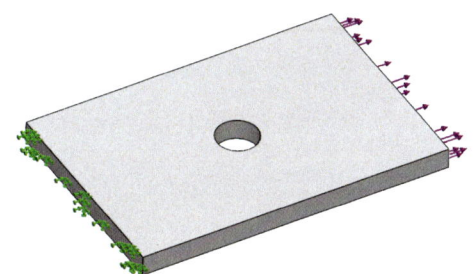

06 평균 응력 체크

스터디명의 우 클릭후에 속성을 클릭한다.
옵션의 '중간노드에서 평균 응력'을 체크한다.

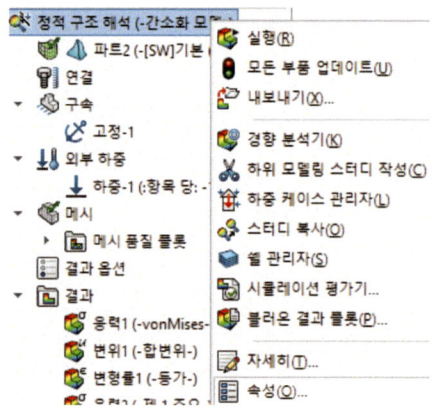
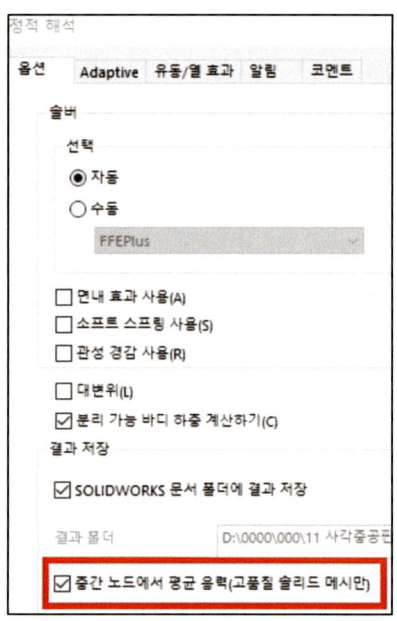

07 해석 실행

실행을 클릭한다.

08 변위 플롯 보기

해석 실행이 끝나면 SOLIDWORKS Simuation은 결과 폴더를 자동으로 작성한다.
이 폴더에서는 응력1, 변위1, 변형률1이 포함된다.
변위 플롯 아이콘을 더블 클릭한다.
변위는 최대 총변위 0.115 mm 이 표시된다.

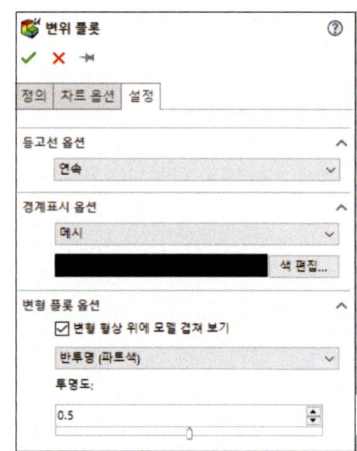

09 변위 플롯 설정

변위1을 오른쪽 클릭 후 정의 탭으로 자동으로 설정되어 있다.
색상 보이기 란이 체크되어 있지 않으면 파트 색으로 결과가 표현된다.

설정 탭을 선택 후, 경계 표시 옵션의 메시와 모델을 비교한다.

- 미변형 형상을 겹쳐 표시
  변형 형상 위에 모델 겹쳐 보기를 선택한다.
  미변형 이미지의 투명도를 조정할 수 있다.
  반투명(파트색), 투명도를 0.5로 설정한다.
  확인을 클릭한다.

- 정의 란의 자동과 실제 배율을 비교해본다.

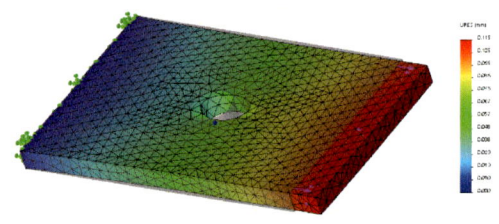

10 변위 플롯

에니메이션 변위 플롯을 애니메이션하려면 변위1을 오른쪽 클릭하고 애니메이션을 선택한다.

2.2 후처리 – 플롯 편집

플롯을 편집하려면 플롯을 오른쪽 클릭하여 정의 편집을 선택한다. 표시 대화 상자에서 응력 요소, 단위, 플롯 유형을 지정할 수 있다. 고급 옵션 대화 상자에서 아래 설명한 절점값 또는 요소 값을 플롯할지 여부를 선택할 수 있다. 플롯 표시 옵션을 사용하여 사용자는 주응력의 크기뿐만 아니라 방향도 플롯할 수 있다. 변형 형상 대화 상자에서는 플롯의 변형 크기를 지정할 수 있다. 자동, 실제 배율, 사용자 지정 배율 옵션을 사용할 수 있다. 결과 플롯은 필요에 맞게 몇가지 방법을 사용하여 수정할 수 있다 플롯의 구성요소, 단위, 표시, 주석을 제어하는 3가지 기능이 있다.

1) 정의 편집

표시할 결과와 단위의 정의를 제어한다. 예를 들어 응력 플롯의 정의를 변경하여 von Mises응력이 아닌 주 응력을 표시할 수 있다.

2) 차트 옵션

차트 옵션은 주석을 제어한다. 옵션에는 색, 단위 유형, 레전드에 표시되는 소수점 자리수와 함께 표실할 주석 선택이 있다. 레전드 및 제목 표시 위치를 조정할 수 있다

3) 응력(Stress)

물체에 하중을 작용시키면 물체 내부에는 이에 대응하는 저항력이 발생하여 균형을 이루는데 이 저항력을 응력(stress)이라 한다. 물체는 외부에서 힘을 받으면 외부 하중과 힘의 평형을 이룰 때까지 물체 내부에 힘이 발생하면서 변형이 일어나고 힘의 평형이 이루어지면 변형을 멈추게 된다. 물체의 여러 부분에서 발생하는 내력의 세기를 구하는 것이 응력이다.

4) 응력의 종류

인장 응력(tensile stress)

물체의 양단에 인장력이 작용하면 이 하중 방향에 대하여 직각인 단면에 수직 응력이 발생하게 되는데 이를 인장 응력이라 한다.

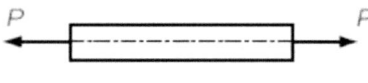

압축 응력(compressive stress)

물체의 양단에 압축력이 작용하면 이 하중 방향에 대하여 직각인 단면에 수직 응력이 발생하게 되는데 이를 압축 응력이라 한다.

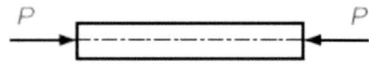

전단 응력(shearing stress)

가위로 물체를 자르거나 전단기로 철판을 절단 할 때와 같이, 재료에 전단 하중을 작용 시켰을 때 생기는 응력을 전단 응력이라 한다.

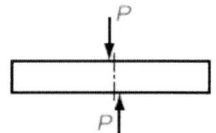

5) 주 응력

응력의 상태는 방향이 기본 응력 입방체의 면에 대해 수직인 3개의 주 응력 요소로 설명할 수 있다. 인장 응력인 P1응력은 취성 재질로 만들어진 파트의 응력 결과를 평가할 때 사용된다.

6) von Mises 응력

이 응력은 흔히 등가 응력(effective or equivalent stress)이라고도 불리며, 영국의 과학자 von Mises 의 이름을 따서 불리게 된 응력이다. 구조해석에서 정말 중요한 건 물체의 파괴를 예측하는 일이고 이러한 파괴를 예측하는 기준이 되는 조건이 항복조건이다.

응력은 일반적으로 방향을 갖고 있지만 von Mises 응력은 방향을 갖지 않은 스칼라 형식을 취한다. 때문에 어느 부위의 응력을 참고할 경우에 최대 주 응력, 최소주응력과 같이 여러가지 방향의 응력을 참고할 필요가 없이, 한 가지 값으로만 판단할 수 있기 때문에 매우 편리하다. 강과 같은 탄성 속성을 나타내는 엔지니어링 재질의 구조적 안전성이 von Mises응력 크기로 잘 설명되므로 von Mises 응력이 널리 사용되었다. 현재 실무에서의 구조해석 작업을 할 때, 가장 중요시 하는 것이 이 von Mises 응력이다. 그러므로 von Mises 응력이 설계하려는 재료의 항복 응력에 도달했을 때, 그 재료는 항복한다고 생각하면 된다.

7) von Mises 응력 계산 방법

von Mises 응력은 일반 3D 응력 상태의 6개 요소를 모두 고려한다. 전단 응력의 2개 요소와 수직 응력의 1개 요소는 기본 입방체의 각 측면에 작용한다. von Mises 응력 수식은 전체 좌표 계에 정의되어 있는 응력 요소로 표시 할 수 있다. von Mises응력은 다음과 같이 계산된다.

$$\sigma_{vm} = \sqrt{0.5\left[(\sigma_x - \sigma_y)^2 + (\sigma_y - \sigma_z)^2 + (\sigma_z - \sigma_x)^2\right] + 3\left(\tau_{xy}^2 + \tau_{yz}^2 + \tau_{zx}^2\right)}$$

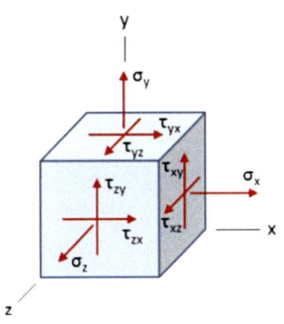

8) 연성 재료 vs 취성 재료

연성 재료는 작용 시 변형하며 늘어나는 재료이고 탄성 한계 이상의 힘을 받아도 쉽게 파괴되지 않고 가늘고 길게 늘어나는 성질을 가진 재료이다.

취성 재료는 파단 전에 항복 형상이 전혀 또는 거의 일어나지 않는 재료이고, 탄성 구간을 넘어 소성 구간에 접어들면 거의 즉시 파괴된다. 일반적으로 취성 재료는 인장 하중에 비해 압축 하중에 훨씬 잘 견딘다.

9) von Mises 응력 vs 주 응력

주 응력	von Mises 응력
주요 스트레스는 실제 스트레스이다.	실제 응력이 아닌 에너지 밀도의 측정값이다.
주응력은 물체에 작용하는 전단응력이 0인 상태에서 주평면에 대한 수직 응력의 최대값과 최소값을 나타낸다.	연성 재료의 항복 기준과 관련이 있다. Von Mises 응력은 이론적인 측정값이며 +ve 또는 -ve 기호는 주요 응력에 따라 다르다.
주응력에 기반한 파손 이론은 주철 재질부품과 같은 취성 재료에 적용할 수 있다.	von Mises의 파손 이론 기반은 알루미늄, 탄소강 등과 같은 연성 재료에 사용된다.

10) 안전율 (항복 강도, 인장 강도)

항복 강도는 응력을 증가시키지 않아도 변형율이 갑자기 커지는 강도를 의미한다.
선형 정적 해석에서 계산된 응력 결과를 이용하여 안전율(factor of safety)을 계산하고자 할 때 사용할 계산 기준과 관련 극한 응력 정보이다. 재료가 연성(ductile)인지 또는 취성(brittle)인지에 따라 다른 계산 기준을 사용한다. 연성 재료의 경우에는 항복 강도와 von Mises 응력의 비율로 계산하고, 취성 재료는 인장 강도와 주응력의 비율로 계산한다.

11 응력 플롯 표시 및 편집

결과 폴더 아래에서 응력1을 두 번 클릭하여 플롯을 표시한다. 정의 탭에서 중간노드에서 평균 응력이 체크되어 있는지 확인한다.

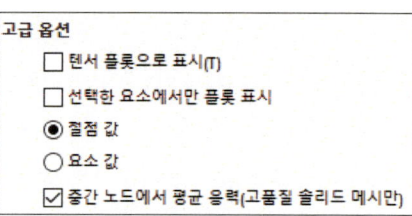

- Von Mises 응력의 최대값 0.076 MPa은 차트 뒤의 빨간색 마커로 표시된 재질의 항복 강도 0.11 MPa을 초과하지 않는 값이다.

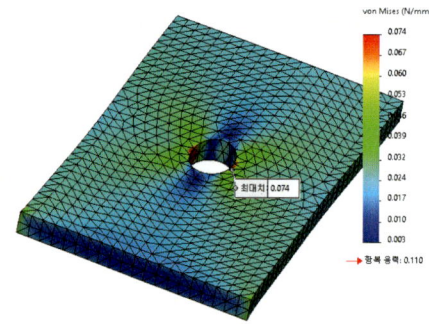

12 차트 수정

응력을 오른쪽 클릭하고 차트 옵션을 선택한다.
최소 주석 표시와 최대 주석 표시 상자를 선택하여 마커를 플롯에 표시한다.
자동으로 정의된 최대값을 지우고 0.07 MPa을 입력한다.
최대값 이상의 값에 색지정에 체크한다. 드로퍼를 클릭하고 검은색을 지정한다. 플롯의 검은색 영역은 응력이 0.07MPa 점을 초과하는 영역을 나타낸다.

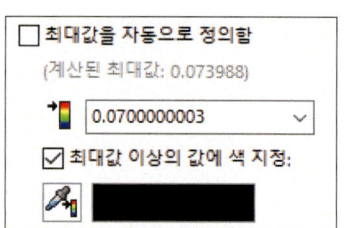

13 응력 플롯 설정 수정

응력1을 오른쪽 클릭하고 설정을 선택한다.
변위와 마찬가지로 경계 표시를 메시로 변경한다.
등고선, 경계 표시, 변형 플롯 옵션에 대해 알아본다.

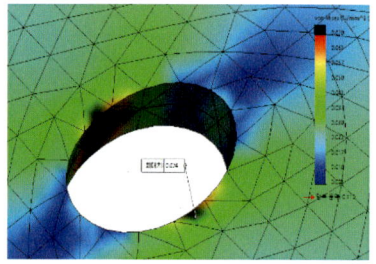

14 Von Mises 응력

Von Mises 응력 플롯의 레전드를 더블 클릭하여 차트옵션으로 들어간다. 최대값을 자동으로 정의함을 선택하여 자동으로 정의된 응력 범위로 다시 변경한다.
확인을 클릭한다.

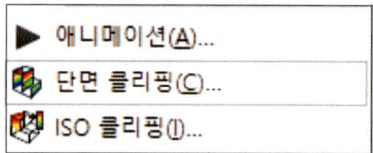

15 단면 플롯 작성

단면 클리핑을 클릭합니다.
SOLIDWORKS 플라이 아웃 메뉴에서 오른쪽 면을 참조 요소로 선택한다. 단면 대화 상자의 모든 옵션과 파라미터에 대해 알아볼 것을 권장한다.
클리핑 반대 방향 및 클리핑 사용/사용 안함을 사용하여 절단 방향과 단면 플롯 사용 여부를 제어합니다.

옵션의 단면에만 플롯 표시를 클릭하여 확인한다.
옵션의 원래대로 아이콘을 클릭하면 단면 클리핑 이전의 뷰로 돌아간다.
확인을 클릭하여 단면 대화 상자를 닫는다.

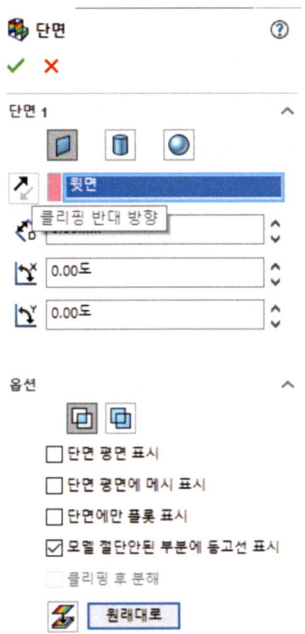

16 응력 ISO 플롯 작성

von Mises 응력을 0.05MPa~0.08MPa 사이인 모델 부분을 표시하려는 경우를 가정한다.
ISO 클리핑을 클릭한다. 등위면 1 대화 상자의 등위값 상자에 0.05 을 입력하고, 등위면 2 대화 상자의 등위값 상자에 0.08 을 입력한다. 등위면 2을 체크한다.
화살표를 클릭하여 전환시킨다.
확인을 클릭한다.

Iso 클리핑을 종료하고 원래 응력 뷰로 돌아가려면 클리핑 반대 방향 및 클리핑 사용/사용 안함을 사용하여 절단 방향을 제어하고 플롯을 재설정한다.

17 응력 결과 프로브

프로브를 클릭 후, 포인터를 사용하여 플롯에서 원하는 위치를 클릭한다. 응력 결과는 결과 대화 상자 테이블과 선택한 위치의 플롯에 표시된다.

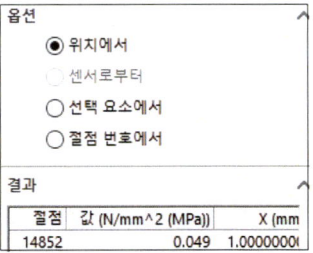

플롯을 클릭해본다.
위의 그림은 선택한 위치에 대한 von Mises 응력 경로 플롯을 보여준다. 확인을 클릭한다.

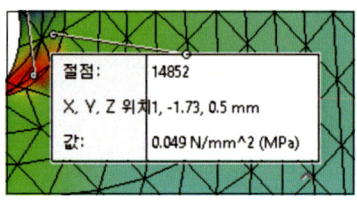

18 최대 주응력 플롯 생성

결과 폴더를 우측 클릭 후에 응력 플롯 정의를 클릭한다.

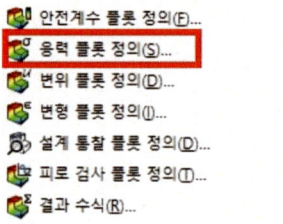

19 최대 주응력 정의

P1 : 최대 주 응력을 응력 요소로 선택하고 다른 기본 옵션은 모두 그대로 두고 확인을 클릭한다. 최대 주응력의 최대값은 0.079 MPa이다. von-Mises의 최대값 0.076 MPa와 유사하다는 것을 알 수 있다. 이는 지정된 인장 하중이 유일하게 우세한 하중이므로 평판의 세로 방향을 따라 인장 응력이 나타나기 때문이다.

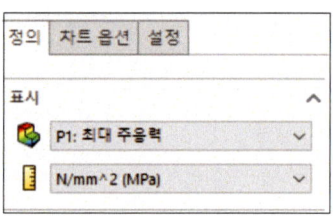

20 안전 계수 분포 플롯

결과 폴더를 우측 클릭 후에 안전 계수 플롯 정의를 클릭한다.

안전 계수 플롯은 어셈블리의 안전 계수 분포를 편리하게 플롯하는 데 사용할 수 있다. 해석 결과 플롯을 작성하는 절차는 플롯 파라미터를 정의하는 순차적 단계를 사용하는 마법사이다.

첫번째 창에서 최대 von Mises 응력을 선택한다.
거의 모든 경우에 von Mises 응력을 사용한다.
두번째 단계는 이전 단계에서 선택한 von Mises 응력과 비교하는데 사용할 재질 상수를 지정한다. (이 상수는 탄성 재질인 경우는 항복 응력, 취성 재질인 경우는 극한 강도를 택한다.)
세번째 단계에서는 플롯 할 수량을 지정할 수 있다. 안전 계수 분포도를 선택한다.

확인을 클릭한다.

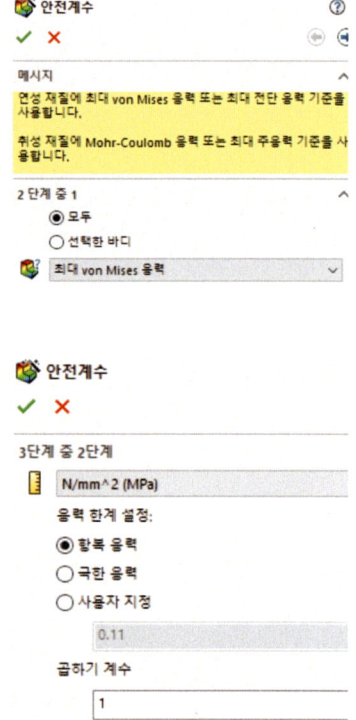

21 안전 계수 플롯 해석

안전 계수 결과 플롯을 우측 클릭 후에 설정을 클릭한다. 차트 옵션을 클릭 후에 레전드의 최대값을 변경한다. 응력 집중으로 인한 안전 계수 최저 값이 1.487 임을 확인할 수 있다. 안전 계수의 설계 값은 최저 값으로 설정하는 것이 좋다.

22 안전 계수 설계 값 입력

안전 계수의 설계 값을 3으로 결정했을 때를 가정하자. 최소값을 자동으로 정의함을 해제 후에 3으로 입력한다. 검은색 영역은 모델에서 설계 안전 계수 기준을 통과하지 못한 파트임을 나타낸다.

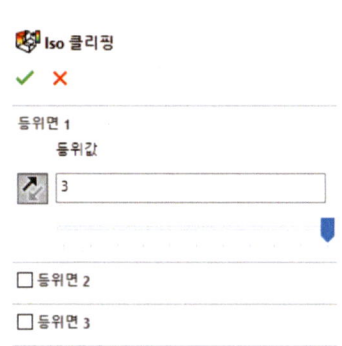

23 안전 계수 Iso 클리핑

안전 계수 플롯을 우측 클릭 후에 Iso 클리핑을 클릭한다. 안전 계수가 3 미만이 영역을 표시하도록 플롯을 정의한다. 등위면 1에 3을 입력한다. 이 결과는 설계 실패가 우려되는 영역을 표시한다.

24 Iso 클리핑 종료

작업을 마치면 원래대로 옆의 아이콘을 클릭하여 Iso 클리핑을 종료한다.

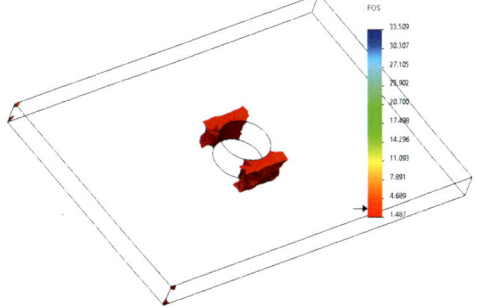

1과제 [유한요소 모델 답안]

원형모델 등각 view	b. 해석 간소화 모델 등각 view	c. 유한요소 모델 등각 view
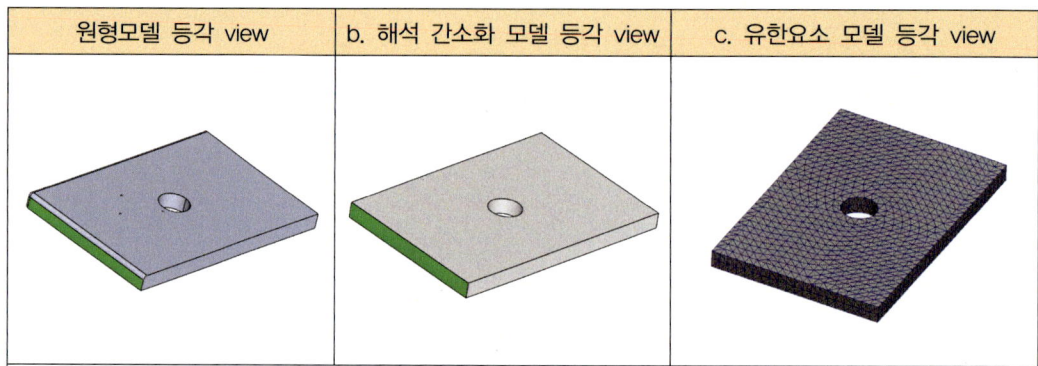		

d. Node(절점) 개수 : 14886
e. Element(요소) 개수 : 8980
f. 사용 S/W 명 : SOLIDWORKS Simulation

2과제 [정적구조해석 답안]

a. 지시된 경계조건이 적용되어 나타난 등각 View	정적 구조해석 결과	
	b. 변위결과	c. 응력결과
	최대값 : 0.115mm	Equivalent stress : 0.074 d. 안전율(Safety Factor) : (항복강도 기준) 1.487

- ①의 1군데 초록색 면의 모든 자유도 구속
- ②의 1군데 분홍색 면 Normal 방향하중 1N 적용

2.3 이론 모델의 응력 집중 계수

SOLIDWORKS 시뮬레이션을 사용하여 사각형 중공 판의 이론 해와 유한요소해석(FEA)의 결과를 비교하여 최적화된 메시(mesh)를 분석하여 신뢰성을 검토하고, 응력 집중 해석을 위한 배경 이론을 살피고 나서, 단일 구멍이 존재하는 유한한 너비의 판의 응력 집중 계수 변화를 유한 요소 해석을 통해 계산하여 응력 집중 계수 이론 값과 비교하여 최적화된 메시(mesh)를 분석하고, 메시(mesh) control 설정을 통한 미세 메시를 적용하여 수학적 이론 해와 근접한 방안을 제안하였으며 최적화 메시(mesh)방안을 확인하고자 한다.

재료에 존재하는 구멍, 흠집 등은 국부적으로 높은 응력을 유발하며 응력 집중이 발생한다. [그림 1]과 같이 넓은 평판에 구멍이 존재할 때 응력 집중이 발생하고 수식으로 표현할 수 있다. 먼저 응력 집중 계수는 물체에 발생한 최대 응력은 응력집중계수와 단면적을 곱한 값이다. 응력 집중 계수는 K_n, 응력 집중이 일어나는 곳의 단면적은 σ_n, 최대 응력은 σ_max 이다.

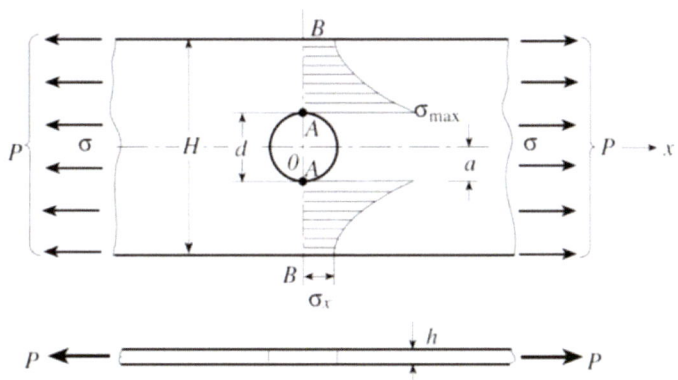

출처 : Tensed finite width plate with a hole (Walter, D. P., 2008)

[그림1] 사각 중공 판의 응력

유한한 너비의 판에서 단일 구멍과 판의 경계에 의한 결과를 전제 사각의 중공판에 응력 집중계수 이론을 적용하였고, 식 1은 그 이론 해를 보여주고, 식 2는 단면적을 구하는 식이고, 식 3은 최대 주응력을 구하는 식이다. D는 지름이고, W는 중공판 너비이다.

$K_n = 3.007 - 2.861\left(\dfrac{D}{W}\right) + 2.944\left(\dfrac{D}{W}\right)^2 - 1.079\left(\dfrac{D}{W}\right)^3$ (식 1)[1]

$\sigma_n = \dfrac{P}{(W-D) \times T}$ (식 2)

$\sigma_{max} = K_n \times \sigma_n$ (식 3)

---

[1] Isida, M., 1953, Form factors of as trip with anelliptic hole in tension and bending, Sci. Pap. Faculty Engr, 4 , p.70.

2.4 메시 컨트롤 활용

2차 solid 사면체 요소는 2차 변위 필드와 1차 응력 필드를 모델링하고, 각 2차 사면체 요소에는 10개의 절점(모서리 절점4, 중간 절점6) 이 있으며 각 절점은 3개의 자유도를 갖는다. 2차 solid 요소의 모서리와 면은 하중을 받는 요소가 원선형 geometry로 매핑해야 할 경우, 원선 형으로 간주될 수 있음을 하단의 [그림 2] 통해 확인할 수 있다.

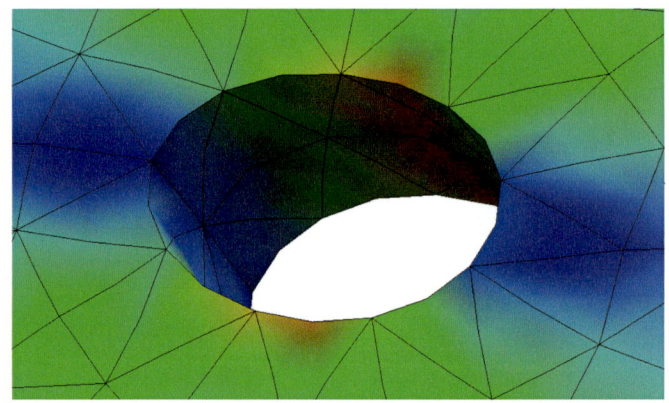

[그림 2] 2차 solid 요소의 원선 형 지오메트리 메시 형태

[그림 3]을 통해서 유한 요소 해(FEM Result)와 이론 해(Ref)의 결과 값의 차이는 중공판의 구멍의 크기가 클수록 이론 해에 근접함이 확인된다.

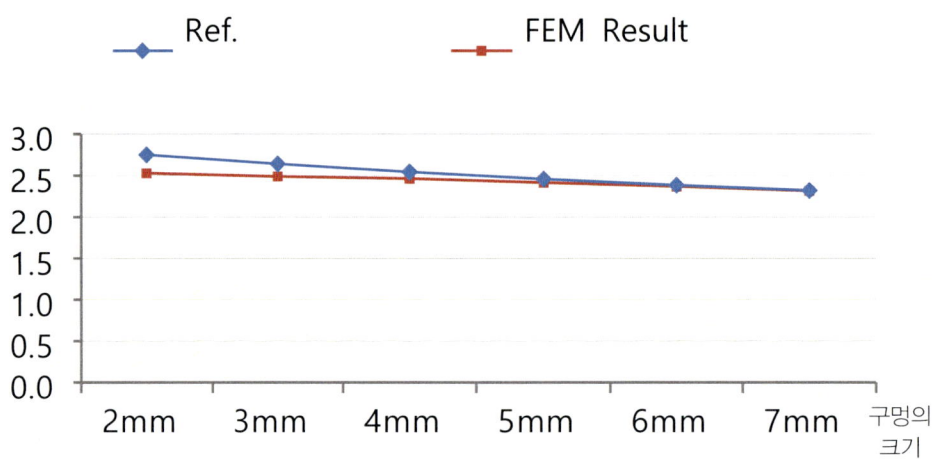

[그림 3] 이론 해와 2차 solid 메시(mesh) 유한요소 해와 비교

기본 메시에 추가로 중공판 홀에 메시 컨트롤을 적용한 결과와 앞서 설명한 이론 해와 비교해본다. [그림

4]을 통해서 유한 요소 해와 이론 해의 결과 값의 차이는 분할 오류로 인해 발생하지만, 이는 메시(mesh) 조정으로 인해 사라지게 된다. 그러므로 메시(mesh) 생성은 유한요소해석(FEA)를 사용하여 정확한 시뮬레이션을 수행하는 가장 중요한 단계 중 하나이고, 해석의 정확성은 메시(mesh)의 품질에 달려있다.

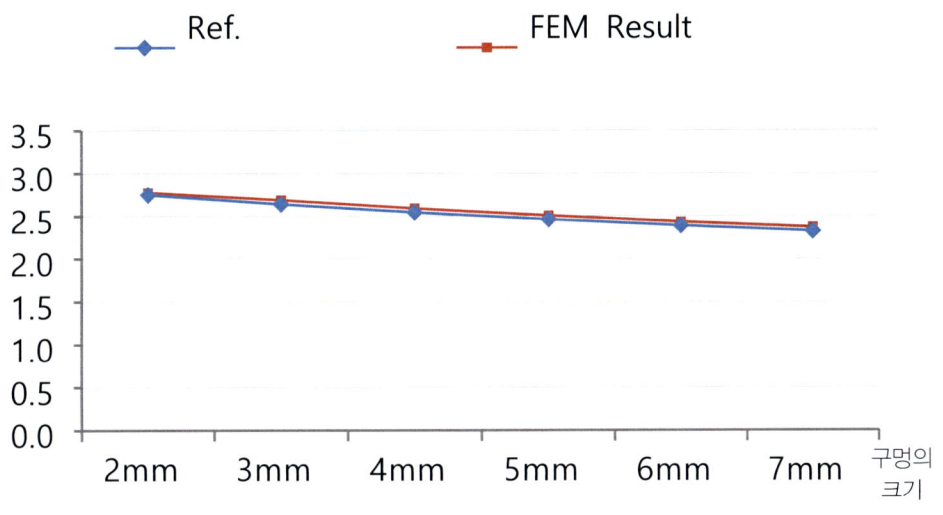

[그림 4] 이론 해와 메시 컨트롤 사용한 유한요소 해와 비교

그러나, 요소의 수와 계산 시간 사이의 상반 적인 측면을 고려하여 공학적인 입장에서 그 결과를 사용하기에 충분한 정확도를 얻는 선에서 적절한 절충이 있어야 한다. 경험적인 판단에 의해 변위나 응력의 값이 급격히 변하거나 예상되는 영역 또는 기하학적 형상이 급격하게 변하는 영역에서는 요소의 크기를 작게 하여 많은 수의 요소로 분할하고, 그와 반대로 구하고자 하는 값이 어느 정도 일정한 값을 가지리라 예상되는 영역 또는 기하학적 형상이 간단한 영역에서는 요소의 크기를 크게 분할하여 요소의 수를 줄이면 효율적으로 계산을 할 수 있다. SOLIDWORKS 시뮬레이션 메시 컨트롤은 글로벌 최대 요소 크기 및 비율을 국적으로 조정할 수 있다. 글로벌 메시 조정에 비해 수치적으로 효과적인 방법이며 작은 요소는 필요한 위치에 배치되고, 응력 집중이 없는 모델은 큰 요소로 분할된다.

25 스터디 복사

정적 구조해석 탭의 우측 클릭 후에 스터디 복사한다.
새 스터디는 '메시 컨트롤 추가' 라고 명명한다.

26 메시 컨트롤 생성

메시에 우측 클릭 후에 메시 컨트롤 적용을 클릭한다.

27 메시 컨트롤 정의

응력 집중이 발생하는 중앙 홀 부위에 메시컨트롤을 추가한다.
메시의 크기를 0.2 mm로 설정한다.
추가로 메시 작성을 클릭한다.

28 메시 재설정

곡률기반메시에서 최대 메시는 1mm , 최소 메시는 0.2 mm로 설정한다. 요소 크기 증감율은 1.5임을 확인한다.
확인을 클릭하면 메시 조성이 업데이트된다.

29 메시 품질 확인

중공 판에 메시가 조밀하게 구성되어 있다

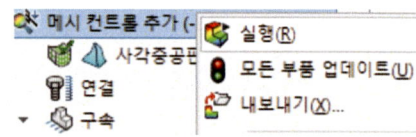

30 해석을 실행

메시 컨트롤 추가 해석을 실행한다.

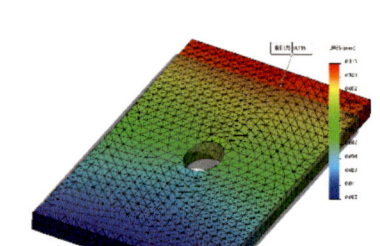

31 변위를 확인

최대 변위 값 0.115 mm 를 확인한다.

32 응력을 확인

Von Mises 응력 최대값 0.081 MPa을 확인한다.

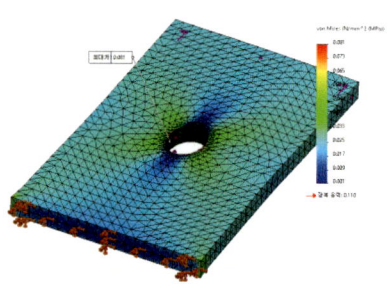

33 안전 계수를 확인

최소값 1.356을 확인한다.

1과제 [유한요소 모델 답안]

원형모델 등각 view	b. 해석 간소화 모델 등각 view	c. 유한요소 모델 등각 view
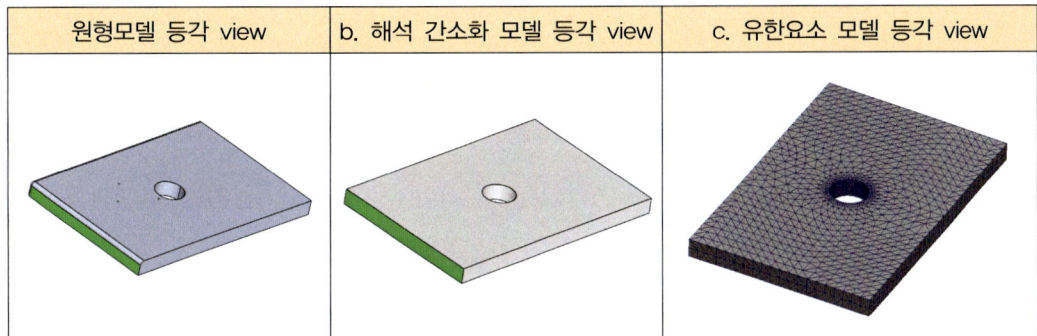		

d. Node(절점) 개수 : 26366
e. Element(요소) 개수 : 16205
f. 사용 S/W 명 : SOLIDWORKS Simulation

2과제 [정적구조해석 답안]

a. 지시된 경계조건이 적용되어 나타난 등각 View	정적 구조해석 결과	
	b. 변위결과	c. 응력결과
• ①의 1군데초록색 면의 모든 자유도 구속 • ②의 1군데분홍색면 Normal 방향하중 1N 적용	• 최대값 : 0.115mm	• Equivalent stress : 0.081 d. 안전율(Safety Factor) : (항복 강도 기준) 1.356

34 결과 비교

결과 폴더를 우측 클릭 후에 결과 비교를 클릭한다.

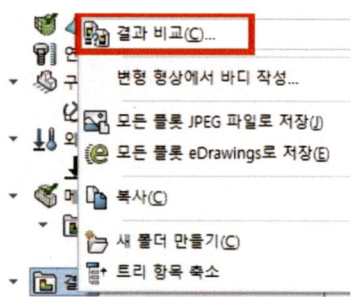

35 비교 대상 선택

모든 스터디를 클릭 후에 정적구조해석 스터디의 응력 1, 변위 1 과 메시 컨트롤 추가 스터디의 응력 1, 변위 1을 클릭한다.

36 응력 변위 비교

서로 다른 스터디의 응력 값과 변위 값이 한 화면에 표시되어 비교가능하다.

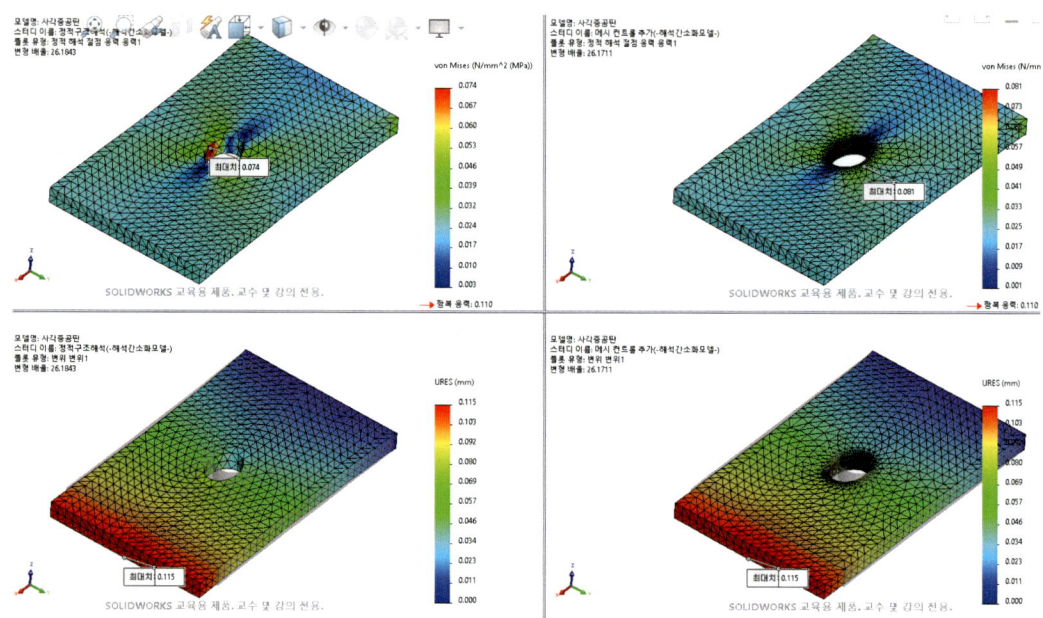

03 열전달 해석

가. 1과제 해석용 모델링과제를 수행하고 만들어진 해석용 모델링을 이용하여, 열전달해석 열하중 조건을 적용하여 열전달해석을 수행하고, 해석결과를 주어진 보고서의 양식에 따라 작성하시오.

나. 보고서를 작성할 때 필요한 그림캡처는 주어진 모델을 기준으로 결과가 잘 나타날 수 있는 등각 View로 나타내시오.

다. 각종 결과값은 지시한 단위를 기준으로 소수점 이하 3자리까지 쓰시오.
   1) 아래 형상과 다음 고려사항을 참조하여 열하중 조건을 부여하고 해석을 수행하시오.
      - 열전달 해석에 다음과 같은 열하중 조건을 부여하시오.
      a. ①의초록색 표기면 1군데면 온도 50℃정상상태 적용
      b. ②의주황색 표기면 1군데면 온도 90℃정상상태 적용
      c. ①과 ②의 2군데 제외한 모든 표면에 대류 경계 조건 적용
         - 외부의 주변 온도 25℃
         - 대류 열전달 계수 15W/(m2.K)
   2) 열전달 해석을 수행하고 그 결과를 보고서 양식에 따라 작성하시오.
      - 해석 결과 보고서 작성사항
      a. 지시된 경계조건이 적용되어 나타난 등각 View
         (경계 조건에 대한 표현은 사용하는 S/W 에서 제공하는 기능 이용)
         - 경계 조건 항목 리스트(적용한 경계 조건을 간략하게 명시)
      b. 온도 분포의 최대값과 최소값을 크기를 확인할 수 있는 View
         - 온도 분포의 최소값과 최대값의 리스트

3.1 열해석 기초

1) 정적 구조 해석과 열 전달 해석

열전달 해석에서는 솔리드 바디의 열전달을 다룬다. 열전달 해석은 구조 해석에 비해 덜 직관적이지만, 계산 작업 측면에서는 훨씬 단순하다. 세 방향 부품으로 구성된 변위와는 달리, 열전달해석의 목적은 스칼라 양에 해당하는 온도이다. 그러므로, 열전달의 유한요소모델에서는 1도의 자유도만 절점에 지정한다. 정적 구조해석에서는 하중을 받는 평형 상태를 다루지만, 열전달 해석에서는 평형 상태에 대해 설명하지 않는다. 열전달 해석은 열 유동이 연속적으로 이어지고 시간에 따라 변화하지 않는 정상 상태 조건에서 모델링한다.

2) 정상 상태(steady state)

정상 상태는 해석을 수행하는 데 시간이 고려되지 않은 충분히 긴 시간 동안 동일 조건으로 있다고 가정된 상태, 즉 평행이 이루어진 상태를 말하며 중간 과정의 해석이 무의미한 해석을 말한다.

3) 과도 상태(transient state)

과도 상태는 시간을 중요한 요소로 작용하는 상태를 말하며 온도 분포가 시간의 함수로 표현되고 정상 상태가 되기 전의 상태이기 때문에 중간 과정이 유의미한 해석을 말한다.

01 열전달 스터디 작성
  새 스터디를 클릭한다.
  고급 시뮬레이션의 열을 클릭한다.
  "열전달" 이라는 이름의 스터디를 작성한다.

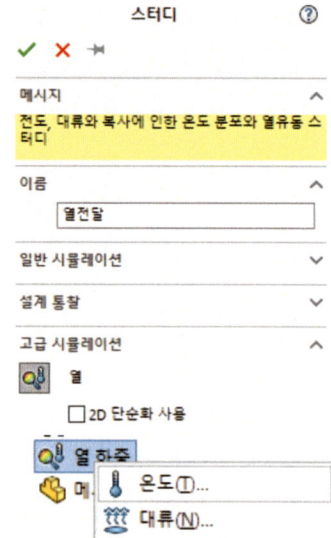

02 지지면 온도 정의
  열 하중을 오른쪽 클릭하고 온도를 선택한다.
  사각 중공판의 지지면(초록색)을 클릭한다.
  온도 50도를 정의한다.

03 하중면 온도 정의

열 하중을 오른쪽 클릭하고 온도를 선택한다.

사각 중공판의 인장 하중 면(분홍색 면)을 클릭한다.

온도 90도를 정의한다.

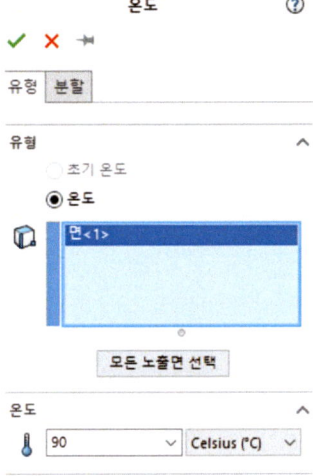

04 대류정의

열 하중을 오른쪽 클릭하고 대류를 선택한다.

온도와 지지 정의된 면을 제외하고 파트의 모든 면을 선택한다.

대류계수로 15W/m^2K를 지정하고 주변온도 25+273.15 도(K)를 정의한다.

기호 설정을 100에서 50으로 변경하여 대류 기호의 크기를 줄인다.

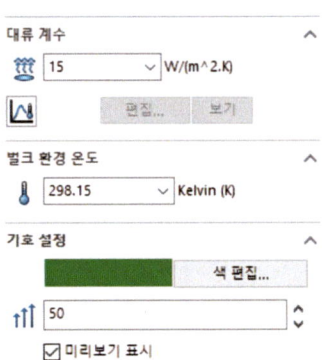

05 모델 메시

메시 파라미터 탭을 확장한다.

곡률 기반 메시를 선택하고 최대 크기를 1mm를 입력한다.

메시의 최대 크기는 1mm , 최소크기는 0.2mm이고, 원 안에서 최소 요소 수는 8이고, 요소 크기 성장률은 1,5이다.

06 해석 실행

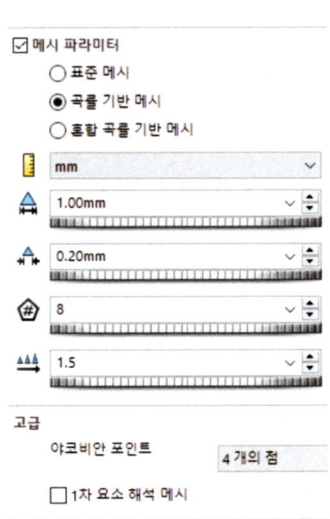

3.2 열전달

1) 열전달 결과

열전달 해석에서 제공된 결과를 살펴보려면 열1 플롯을 오른쪽 클릭하고 정의 편집을 선택하여 열 온도 플롯 창을 연다. 스칼라 요소인 온도는 등고선 플롯으로만 표시할 수 있다. 온도 구배 및 열유속은 벡터량이며 등고선 또는 벡터 형식으로 표시할 수 있다.

열전달 해석 플롯은 기본적으로 정적 해석에서 사용한 것과 동일한 방법으로 수정하거나 제어할수 있다. 애니메이션, 프로브 등은 정적해석에서와 동일하게 작동한다.

2) 온도(temperature)

모델의 표면, 모서리, 점에 대해 적용되며 일정한 온도를 선택 영역에 부여한다. 모델에 부여된 온도에 의해 열에너지는 전도에 의해 뜨거운 영역에서 차가운 영역으로 이동한다.

3) 대류(convection)

모델의 표면에 대해 적용하며 모델 주변 환경으로 전달되는 열의 대류를 설정할 수 있다. 모델 온도가 주변온도보다 높으면 주변으로 에너지를 빼앗기고 반대 상황이면 에너지를 얻게 된다. 곡면 주변과 주변 유체간에 대류에 의해 전달되는 열 크기는 열전달계수와 노출된 곡면의 영역에 비례한다. 다음은 일반적인 대류 계수를 나타낸다.

대류 전달 대상	대류 열전달계수
공기(자연 대류)	4~30
공기(강제 대류) / 과열증기	30~200
기름(강제 대류)	100~1,800
물(강제 대류)	200~5,000
증기(응축)	5000~100,000

4) 복사(radiation)

모델의 표면 사이에서 작용하는 복사 현상 또는 표면에서 외부 환경 사이에 작용하는 복사 현상을 고려하여 조건을 설정할 수 있다. 복사 열량은 절대 온도의 4 제곱, 슈테판 볼츠만 상수에 비례한다.

5) 열전달에 사용되는 재질

열전도율, 비열, 질량 밀도가 입력되어야 한다. 열전도율은 전도에 의해 열에너지가 전이되는 재질의 효율성을 나타낸다. 재질의 단위 질량 온도를 1도 올리는데 필요한 열량을 나타낸다. 질량 밀도는 열전달 해석에 직접 사용되지는 않지만, 비열이 질량 단위당 열량으로 정의되기 때문에 질량에 대한 정보를 제공하려면 질량 밀도가 필요하다.

6) 열유속

모델의 표면에 적용하여 선택된 표면을 통해 에너지를 공급하게 된다. 열유속(Heat flow)는 단위시간당 에너지로 정의한다. 온도는 시스템에 저장된 에너지 레벨과 관련이 있지만, 열유속은 개체 전체의 에너지 흐름 방향과 밀도에 대한 정보를 제공한다.

열유속 단위는 [W/m^2] = [J/s*m^2] 는 초당 1줄이 열유속 부품의 방향에 수직인 곡면의 1m^2에 유입/유출/통과 한다는 사실을 나타낸다.

열 유속의 결과는 구조 해석의 응력의 결과와 패턴이 유사하다. 따라서 응력과 같이 열유속 크기는 각진 모서리에서 무한대로 접근하는 경향이 있다. 그러므로 신뢰성 있는 열유속 결과를 얻으려면 기하학적으로 급변하는 형상에서는 메시를 조밀하게 해야 한다.

7) 열량

열량은 초당 경계를 통과하는 에너지 유입/유출 편차를 나타낸다. 특정 요소의 총 열량 또는 평균 열량을 구하려면 선택 목록 명령을 사용해야 한다.

8) 열전달 해석의 대칭 경계조건

대칭 평면에 해당되는 면에는 특별히 정의할 대상이 아니므로, 열전달에서는 대칭경계조건은 무리없이 사용 가능한다. 또한 대류 계수는 면이 절연되어 있음을 가정하므로 면사이로 열이 전달되지 않음을 의미한다.

07 정상 상태 온도 분포 표시

결과 디렉토리에서 생성된 열1 플롯을 더블 클릭한다. 최대 온도의 위치는 분홍색 면에 있으므로 단면 플롯을 사용하여 온도 분포를 확인하는 것이 가장 바람직하다. 차트 옵션의 최대 주석 표시와 최소 주석 표시를 체크한다.

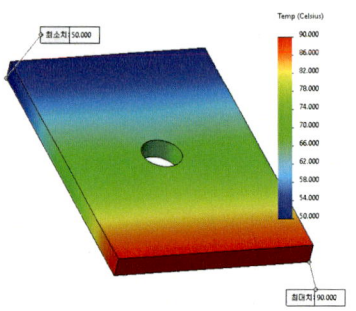

08 온도 분포를 단면 플롯으로 표시

열1 플롯을 오른쪽 클릭하고 단면 클리핑을 선택한다. 정면을 사용하여 컷 평면을 정의한다.

09 단면 플롯의 열전도 결과를 평가하고 그래프로 작성

프로브 대화 상자에서 위 그림에 표시된 방향의 점을 선택하여 경로를 형성한다.

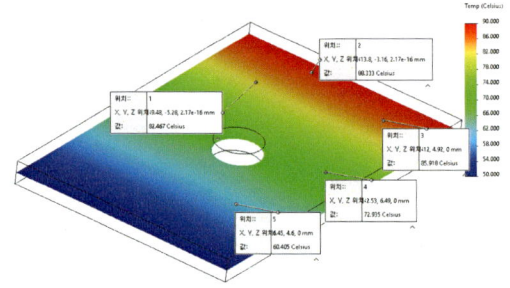

10 온도 그래프 작성

프로브 결과 창의 보고서 옵션에서 플롯 버튼을 클릭하여 지정된 궤도를 따라 온도 편차의 경로 플롯을 생성한다.

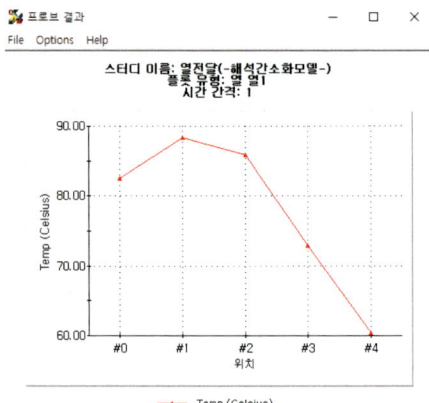

11 총 열유속 분포 플롯

총 열유속에 대한 새 플롯을 정의한다.
단위는 W/m^2을 사용한다.
고급 옵션의 벡터 플롯으로 표시를 클릭한다.

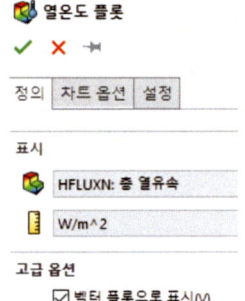

초당 최대 에너지 흐름 양은 사각 중공판의 원통면에
위치한다는 것을 관찰할 수 있다.

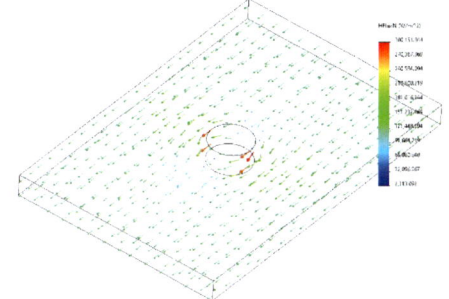

12 총 열량

결과 폴더를 오른쪽 클릭하고 열량 목록 표시를 선택한다.
중공판의 홀을 클릭하고 업데이트를 클릭한다. 요약 대화 상자는
이 면을 통과하는 총 열 유동을 나타낸다.

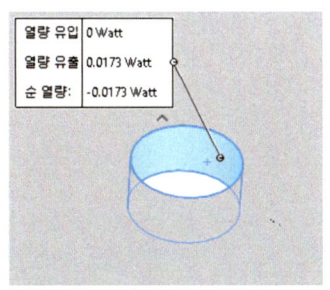

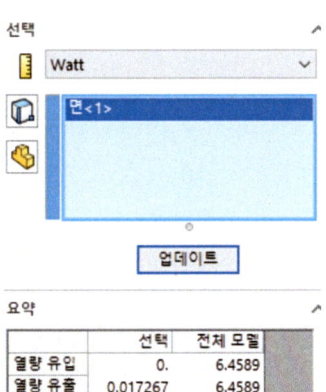

04 열응력 해석

가. 3과제 열전달 과제를 수행하고 만들어진 열전달 해석 결과를 이용하여, 열하중 조건을 적용하고, 구속 조건을 적용하여 열응력 해석을 수행하고, 해석 결과를 주어진 보고서의 양식에 따라 작성하시오.

나. 보고서를 작성할 때 필요한 그림캡처는 주어진 모델을 기준으로 결과가 잘 나타날 수 있는 등각 View로 나타내시오.

다. 각종 결과값은 지시한 단위를 기준으로 소수점 이하 3자리까지 쓰시오.
  1) 아래 형상과 다음 고려사항을 참조하여 경계조건(하중조건, 구속조건)을 부여하고 해석을 수행하시오.
    - 열응력 해석에 다음과 같은 경계조건을 부여하시오.
      a. ①의 1군데 초록색 표시면의 모든 자유도 구속
      b. 열전달 해석에서 얻은 결과를 열하중으로 적용
      c. 해석 대상의 자중은 무시
  2) 열응력 해석을 수행하고 그 결과를 보고서 양식에 따라 작성하시오.
    - 해석결과 보고서 작성사항
      a. 지시된 경계조건이 적용되어 나타난 등각 View
         (경계조건에 대한표현은 사용하는 S/W에서 제공하는 기능 이용)
         - 경계조건항목리스트(적용한 경계 조건을 간략하게 명시)
      b. 변형량의 최대값과 그 방향 및 크기를 확인할 수 있는 View (변형전 형상/변형후 형상을 동시에 표시하도록 캡처하여 보고서 Template에 삽입하고, 변형량값이 표시된 범례를 포함시킬 것)
      c. 응력표시는 Nodal 값의 평균값을 사용하여 발생하는 von-Mises Stress의 최대값과 그 위치 및 크기를 알수 있는 View(발생 응력의 최대값이 위치한 곳을 확인할 수 있는 형상을 캡처하여 보고서에 삽입하고 응력값이 표시된 범례를 포함시킬 것)
      d. 항복 강도를 기준으로 한 안전율(Safety Factor)

4.1 열응력

1) 열응력 해석 기초

열응력 해석은 열전달 해석에서 수행된 결과인 온도 분포를 하중 조건으로 사용하고, 제품의 물리적인 상태를 반영하는 경계 조건을 부여하여 열응력 해석에 필요한 종탄성 계수, 프와송 비, 밀도, 열팽창 계수를 정의하여 최종 변형의 형태와 이에 따른 응력의 분포를 계산하는 것이다. 열응력 해석에서는 하중의 변위와 같은 일방적인 모든 구조적 하중 외에, 구속된 열 팽창 또는 수축으로 인한 하중을 포함할 수 있다. 열응력 해석에서 열 효과로 인한 하중은 열해석 스터디에서 불러온 절점 온도로 정의되므로 열전달과 열응력은 같은 메시 조건으로 설정해야 한다. 3과제의 열전달 스터디의 온도 결과를 사용하고 정적 해석을 수행하여 열응력을 확인하다.

2) 형상의 단순화

해석을 위한 제품의 형상은 실제 형상과 동일해야 하지만 해석 결과에 크게 영향을 미치지 않는 라운드, 모따기 등은 해석의 효율성 향상을 위해 단순화시키는 전 처리 과정이 필요하기도 하다. 하지만 일부 구조물에서는 필렛, 혹은 틈과 같은 세부적인 부분에서 최대응력이 발생하여 해석에 큰 영향을 미친다.

3) 연성해석

연성해석은 서로 다른 물리계의 해석 시스템을 연결하여 상호 작용하는 조건들을 고려하면서 해석을 수행하는 것을 의미한다. 해석 모델에 가해지는 열 하중에 대한 열전달 해석을 수행하고 결과값인 열 분포상태를 구조 해석의 초기 조건으로 전송한다. 결과적으로 해석 모델에 적용된 열 분포 하중에 대한 열 변형을 해석할 수 있다.

4) SOLIDWORKS Flow Simulation

유체역학 시뮬레이션을 실행한 결과인 온도, 압력 분포를 정적 해석으로 불러올 수 있다.

5) 제로 변형율 참조 온도

모델에 열 변형이 없는 것으로 간주되는 온도에 해당한다.

01 정적스터디 작성

열응력이라는 정적스터디를 작성한다.

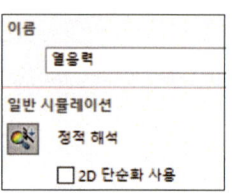

02 해석에 열 효과 포함

열응력 스터디를 오른쪽 클릭하고 속성을 선택한다.

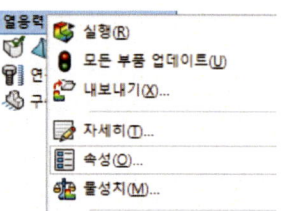

03 열효과 설정

유동/열 효과에서 열전달 해석에서 얻은 온도를 선택한다. 2개 이상의 열해석 스터디 결과를 사용할 수 있는 경우 열응력 스터디의 열 입력을 제공하는데 사용할 특정 열 해석 스터디를 선택할 수 있다.

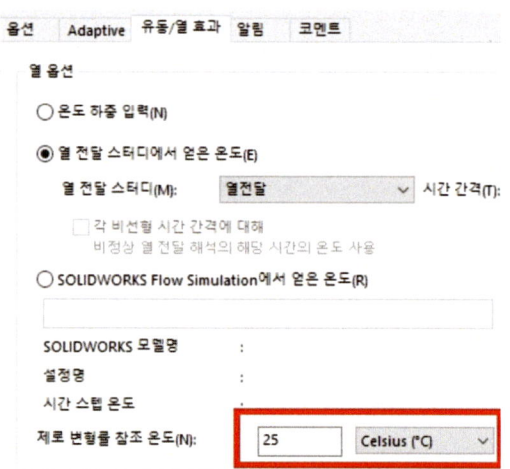

04 참조 온도 설정

제로 변형률 참조 온도는 모델에 열 변형이 없는 것으로 간주되는 온도에 해당한다.
[1과제]의 재질 속성에 주어진 온도 25도(섭씨)를 제로 변형율 참조 온도에 입력한다.

확인을 클릭한다.

05 평균 응력 체크

옵션의 '중간노드에서 평균 응력'을 체크한다.
- [4과제] 에서 응력표시는 Nodal 값의 평균값을 사용하기 때문이다.

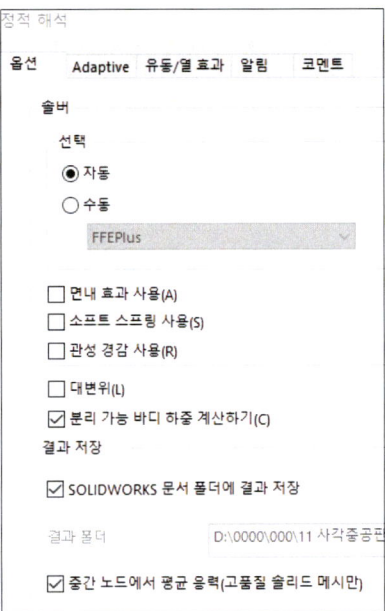

06 메시 작성

메시 작성을 클릭한다.

메시 파라미터 탭을 확장한다. 곡률 기반 메시를 선택하고 최대 크기를 1mm를 입력한다.

메시의 최대 크기는 1mm , 최소크기는 0.2mm이고, 원 안에서 최소 요소 수는 8이고, 요소 크기 성장률은 1.5이다.

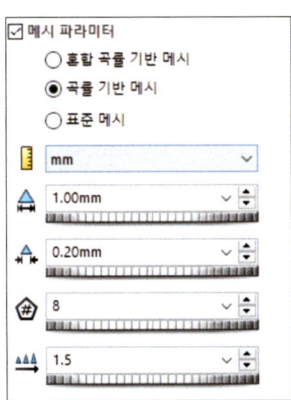

07 지지 조건

지지부에 고정 지오메트리를 부여한다.

08 열응력 스터디 실행

실행을 클릭하여 스터디를 완료한다.

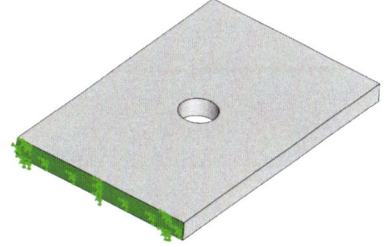

09 총 변위 플롯

정적구조해석과 마찬가지로 열응력에서도 총 변위 플롯을 확인할 수 있다.

최대 변위 0.014mm를 확인한다.

변위1을 오른쪽 클릭 후 정의 탭으로 자동으로 설정되어 있다.

색상 보이기 란이 체크되어 있지 않으면 파트색으로 결과가 표현된다.

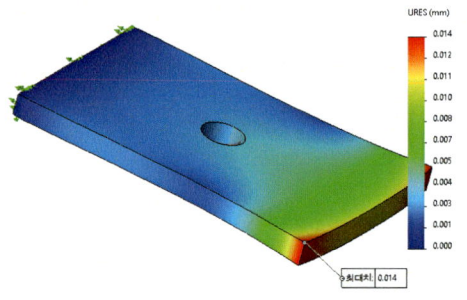

설정탭을 선택한다.
경계 표시 옵션을 모델로 전환한다.

- 미변형 형상을 겹쳐 표시
  변형 형상 위에 모델 겹쳐 보기를 선택한다.
  미변형 이미지의 투명도를 조정할 수 있다.
  반투명(파트색), 투명도를 0.6로 설정한다.
  확인을 클릭한다.

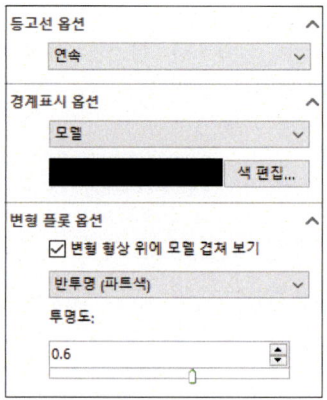

10 von mises 응력 플롯

결과 폴더 아래에서 응력1을 두 번 클릭하여 플롯을 표시한다. 정의 탭에서 중간노드에서 평균응력이 체크되어 있는지 확인한다.

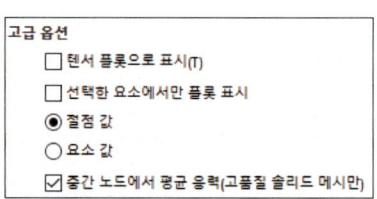

- 사각 중공판의 최대 응력은 아래의 굽힘에서 0.011 MPa이다. 이는 항복 강도의 0.11 MPa를 미만이다.
  차트옵션에서 최대 주석 표시를 체크한다.

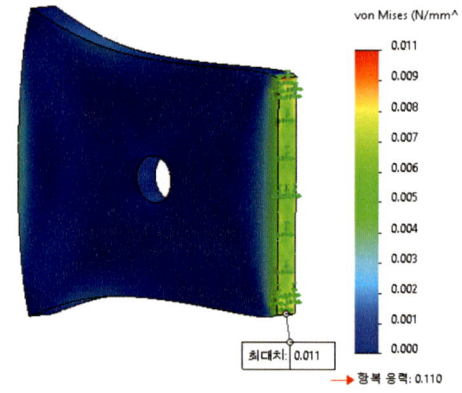

11 안전 계수 분포 플롯

결과 폴더를 우측 클릭 후에 안전 계수 플롯 정의를 클릭한다.

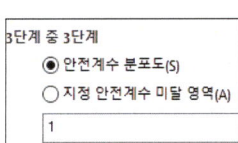

안전 계수 플롯은 어셈블리의 안전 계수 분포를 편리하게 플롯하는데 사용할 수 있다. 해석 결과 플롯을 작성하는 절차는 플롯 파라미터를 정의하는 순차적 단계를 사용하는 마법사이다.

첫번째 창에서 최대 von Mises 응력을 선택한다. 거의 모든 경우에 von Mises 응력을 사용한다. 두번째 단계는 이전 단계에서 선택한 von Mises 응력과 비교하는데 사용할 재질 상수를 지정한다. 세번째 단계에서는 안전 계수 분포도를 선택한다. 확인을 클릭한다.

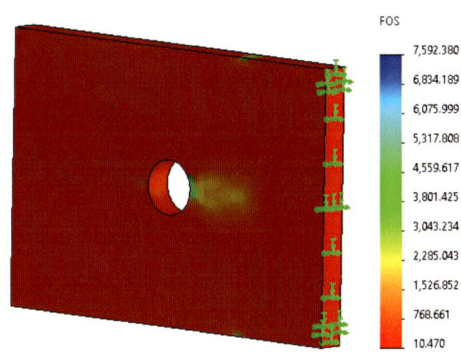

- 안전계수 확인

  안전 계수 최소값 10.479을 확인한다.

3과제 [열전달 결과]

a. 지시된 경계조건이 적용되어 나타난 등각 view	b. 열전달 해석결과(온도분포)
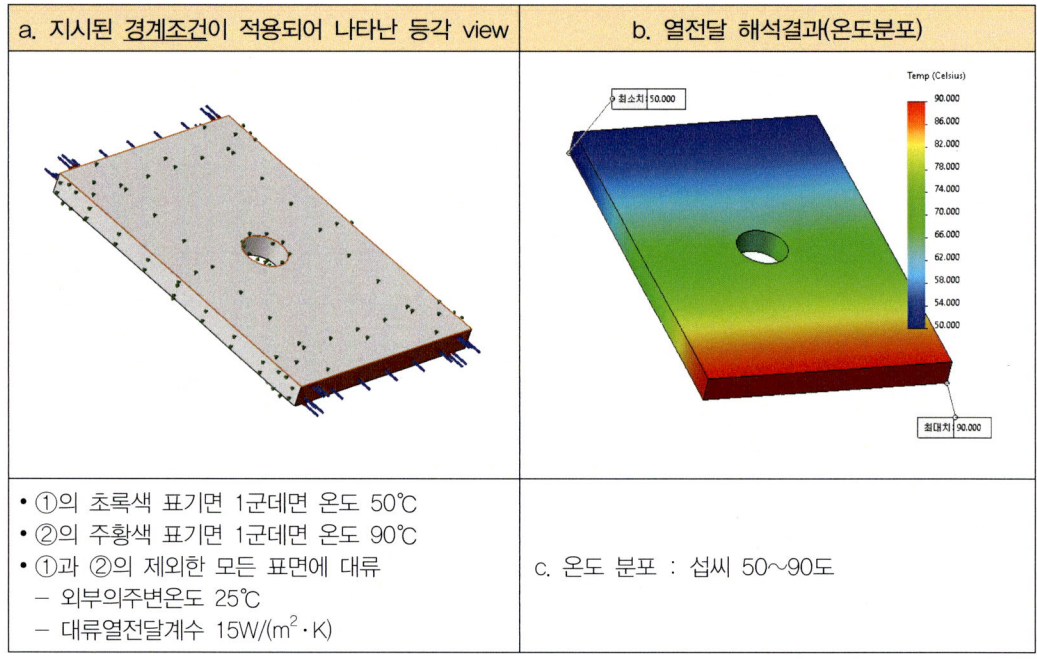	

• ①의 초록색 표기면 1군데면 온도 50℃
• ②의 주황색 표기면 1군데면 온도 90℃
• ①과 ②의 제외한 모든 표면에 대류
  – 외부의주변온도 25℃
  – 대류열전달계수 15W/(m²·K)
	c. 온도 분포 : 섭씨 50~90도

4과제 [열응력 결과]

a. 지시된 경계조건이 적용되어 나타난 등각 View	열응력해석 결과	
	b. 변위결과	c. 응력결과
• ①의 1군데 초록색 표시면의 모든 자유도 구속 • 열전달 해석에서 얻은 결과를 열하중으로 적용 • 초기온도 섭씨 25도	• 최대값 : 0.014mm	• 등가응력 : 0.011MPa d. 안전율 : 10.479(항복강도 기준)

05 동적구조 해석

가. 1과제 해석용 모델링 과제를 수행하고 만들어진 해석용 모델링을 이용하여, 동적구조 해석 경계조건(구속조건)을 적용하여 동적구조 해석을 수행하고, 해석결과를 주어진 보고서의 양식에 따라 작성하시오.

나. 보고서를 작성할 때 필요한 그림 캡처는 주어진 모델을 기준으로 결과가 잘 나타날 수 있는등각 View로 나타내시오.

다. 모드해석을 수행하고 그 결과를 보고서 양식에 따라 작성하시오.
   1) 아래 형상과 다음 고려사항을 참조하여 경계조건(구속조건)을 부여하고 해석을 수행하시오.
      - 동적구조 해석에 다음과 같은 경계조건을 부여하시오.
        a. ①의 1군데 초록색 면의 모든 자유도 구속
          (경계 조건에 대한 표현은 사용하는 S/W에서 제공하는 기능 이용)
   2) 동적 구조 해석을 수행하고 그결과를 보고서 양식에 따라 작성하시오.
      - 모드의 추출 개수 :1차모드부터 3차모드까지 추출함
        a. 지시된 경계조건이 적용되어 나타난 등각 View
        b. 모드형상(mode shape)의 등각 View (변형 전 형상/변형 후 형상을 동시에 표시하도록 캡처하여 보고서 Template에 삽입하고, 변형량 값이 표시된 범례를 포함시킬 것)
        c. 추출된 모드의 주파수

5.1 모달해석

1) 모달해석기초

각 구조물에는 고유 주파수라고 하는 기본 주파수가 있다. 이러한 각 주파수에는 특징적으로 특정 주파 현상이 있다. 공진 주파수에 의해 자극을 받을 경우 구조물은 특정 형상에서 주파하고, 이 형상을 진동 모드라고 한다.

2) 고유주파수의 개수

모든 실제 구조물은 무한대의 고유주파수 및 모드를 갖으며, 진동 모드가 높을수록 모드 형상이 복잡해진다. 하위 모드의 주파수는 대개 충분한 간격을 유지하지만, 상위 모드 주파일수록 간격이 더 좁아진다. 모든 실제 구조물은 무한대의 고유주파수와 관련 진동 모드를 갖지만 동적 하중에 대한 구조물의 응답에서 중요한 것은 최저 모드 중 몇 가지에 불과하다. 추출할 수 있는 모드 최대치는 자유도 수로 제한된다.

3) 공진 상태

공진에서 관성과 탄성 강성은 취소되며, 구조물은 강성을 상실한다. 공진의 진동 폭을 제어하는 유일한 계수는 감쇠인데 감쇠가 낮은 상태로 유지되어 폭이 위험한 수준에 도달할 수 있다.

4) 대칭 모델의 모달 해석

대칭 모델의 고유주파수 해석 결과를 해석하는 경우 진동 모드는 대칭이거나 반대칭이다. 이것이 대칭 경계 조건을 모달 해석에 적용할 수 없는 한가지 이유이다.

5) 어셈블리 모델의 모달 해석

고유주파수 해석은 파트와 어셈블리 모드에 대해서 수행될 수 있다. 어셈블리를 해석할 경우 모든 파트는 본드 결합 되어야 하며 접촉/갭 조건은 허용되지 않는다. 그리고 끼워맞춤 해석을 위해 고안된 어셈블리와 마찬가지로 어셈블리 파트에 간섭이 있는 경우 고유주파수 해석을 수행하기 전에 간섭을 제거해야 합리적이다.

6) 고유주파수와 모터의 회전 수

물체에는 고유주파수가 있다. 사람은 고유주파수를 소리 또는 진동으로 느낀다.
물체가 갖는 고유진동수와 같은 주기로 모터가 회전하면 공명 또는 공진을 일으켜 큰 진동을 유발할 수 있다.
우리 주변의 모든 시스템은 2차 미분방정식의 형태로 표현할 수 있다.

$$m\ddot{x}(t) + c\dot{x}(t) + kx(t) = F(t)$$

고유진동수라 하면 비감쇠고유진동수를 말하며, 2차 미분방정식에서 구한다.

$$\omega_n = \sqrt{\frac{k}{m}}$$

고유 주파수 $f_n = \frac{1}{2\pi}\sqrt{\frac{k}{m}}$ 의 관계가 있다. 그리고 $w_n = 2\pi f_n$ 이므로 모터의 회전은 부품의 고유 주파수로부터 충분히 떨어지게 설계하여야 한다

(fn:고유주파수, k:부품의 강성 계수, m:부품의 무게, wn:모터의 회전수)

7) 고유주파수 해석에 필요한 재질 속성

고유주파수는 부품의 강성 계수, 부품의 무게와 관계식을 갖으므로, 필요한 재질 속성은 탄성 계수, 프아송 비 , 질량 밀도 이다.

8) 고유주파수를 변경

대부분의 경우 제품은 공진을 피할 수 있게 설계된다. 제품이 노출되는 가진 주파수를 알면 고유주파수가 가진 주파수와 일치하지 않는 방식으로 제품을 설계할 수 있다.

만일 구조물의 고유주파수가 중요한 범위를 벗어나도록 하려면 지오메트리, 재질을 변경할수도 있고, 질량 요소를 적절히 배치할 수 있다.

9) 공진을 이용하는 제품

많은 기계 시스템에는 기계 공진을 피하고 있지만 공진이 항상 나쁜 것만은 아니다.

실제로 일부 장치는 공진이 적용되는 상황에서 작동하도록 설계된다. 몇가지 단적인 예로 악기, 소일 컴펙터, 공기 해머, 소리 굽쇠 같은 장비가 있다.

01 파일 불러오기
중공판 파일을 불러온다.

02 고유주파수 스터디 작성
고유주파수 해석유형으로 선택하여 '고유주파수-지지조건있음'라는 스터디를 작성한다.

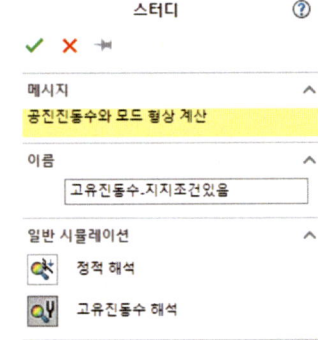

03 스터디속성 설정

'고유주파수-지지조건있음' 스터디를 오른쪽 클릭하여 속성을 선택한다.

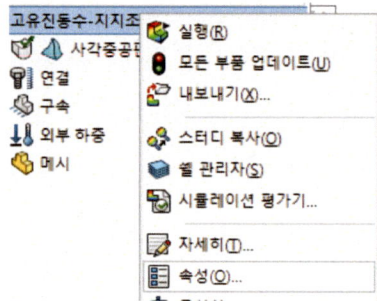

04 주파수 입력

옵션에서 처음 세 개의 고유주파수를 계산하도록 3를 주파수로 입력한다.

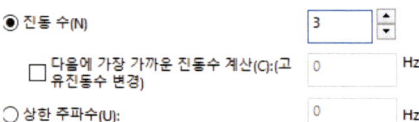

05 재질속성 검토

사용자 재질에서 이미 부여된 속성이
SOLIDWORKS모델에서 자동으로 이전된다.
재질에서 우 클릭후 재질 선택을 클릭하여 재확인한다.

06 구속정의

지지 조건을 사용한 고유주파수 해석을 수행을
위해 지지면을 고정한다.

07 모델 메시

메시 파라미터 탭을 확장한다. 곡률 기반 메시를 선택하고 최대 크기를 1mm 를 입력한다.

메시의 최대 크기는 1mm , 최소크기는 0.2mm이고, 원 안에서 최소 요소 수는 8이고, 요소 크기 성장률은 1,5이다.

08 해석 수행

'고유주파수-지지조건있음' 스터디 이름에 우 클릭후 해석을 실행한다.

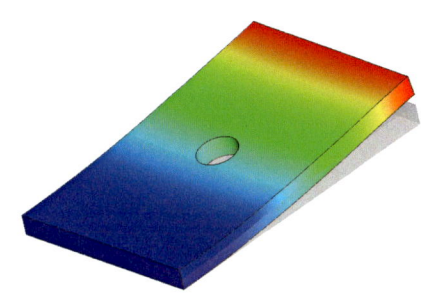

09 진동 모드 결과를 확인한다.

결과 폴더 하단에 있는 1차, 2차, 3차 형상 모드를 클릭한다.

경계 표시 옵션을 모델로 전환한다.

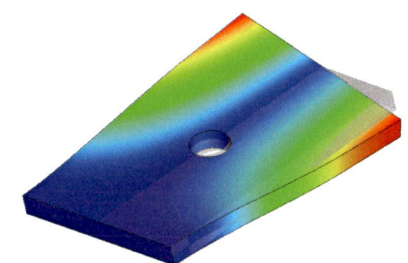

- 미변형 형상을 겹쳐 표시
  변형 형상 위에 모델 겹쳐 보기를 선택한다.
  미변형 이미지의 투명도를 조정할 수 있다.
  반투명(파트색), 투명도를 0.6로 설정한다.
  확인을 클릭한다.

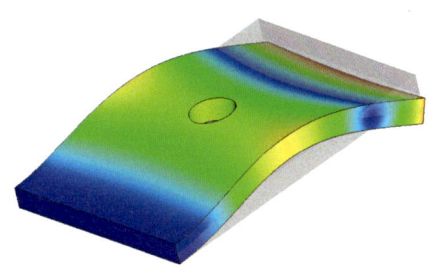

10 고유 주파수 확인

결과 폴더를 우 클릭후 공진 진동수 표시를 클릭한다.

결과에서 고유주파수 해석 란의 주파수를 확인한다.

모드 번호	해석(라디안/초)	고유진동수 해석(Hz)
1	118.38	18.841
2	373.29	59.411
3	710.67	113.11

5과제 [동적 구조 해석 결과]

a. 지시된 경계조건이 적용되어 나타난 등각 View	동적 구조해석 결과
	b. MODE SHAPE(1~3차모드)
• ①의 1군데 초록색 면의 모든 자유도구속	c. 고유 주파수 : 1st : 18.841 2nd : 59.411 3rd : 113.11

5.2 지지 조건이 없는 경우

지지 조건이 없으면 해당 부품은 초기 3가지 모드에서 진동할 수 없다.

SOLIDWORKS 고유진동수 해석에서는 구속 조건이 없는 바디에서는 6개의 강체 모드가 있고 강체 모드의 고유진동수는 0(무한 주기) 이다.

Without support 라는 스터디를 생성하고 처음 6개의 모드의 관련 진동수가 0인지 확인할 수 있다. 지지 조건이 없는 경우에 강체로 3개의 평행이동과 3개의 회전 등 총 6개의 자유도를 갖는다. 지지 조건이 없는 경우에는 아래와 같이 속성에서 진동수는 9로 설정하고. 1~6 모드는 제외하고 7번째 모드의 공진을 발생하는 최저 모드(1차 모드) 로 계산한다.

모드 번호	고유진동수 해석(라디안/초)	고유진동수 해석(Hz)
1	0	0
2	0	0
3	0	0
4	0.00030478	4.8507e-05
5	0.00039604	6.3032e-05
6	0.00074154	0.00011802
7	636.93	101.37
8	698.85	111.23
9	1,482.1	235.88

그러므로 지지 조건이 없는 경우에는 옵션의 진동수를 9로 설정한다.

결과적으로 모드 번호 7이 1차모드이고, 모드 번호 8이 2차모드이고, 모드번호 9가 3차모드이다.

<지지 조건이 없는 경우의 1~6차 모드 수와 모드 형상>

모드수	모드 형상	모드수	모드 형상
1		4	
2		5	
3		6	

<5과제-지지 조건이 없는 경우 동적 구조 해석 결과>

a. 지시된 경계조건이 적용되어 나타난 등각 View	동적 구조해석 결과
	b. MODE SHAPE(1~3차모드)
• ①지지 조건이 없음	c. 고유 주파수 : 1st : 101.37 Hz 2nd : 111.23 Hz 3rd : 235.88 Hz

Chapter

기계설계기사 실기 해석
[1과제~5과제]

01 [과정평가] 기계설계기사 예제 1

[1과제 - 정적 구조 해석 유한요소모델]

가. 주어진 3D CAD 데이터(Step 파일 또는 Parasolid 파일)를 이용하여 정적구조해석을 위한 유한요소모델을 생성하고 요소모델의 정 보를 제공된 보고서 양식에 따라 작성하시오.
   ※ CAD 모델(Step 파일 또는 Parasolid 파일 제공)

나. 제출보고서에는 주어진 모델을 기준으로 결과를 가장 잘 표현할 수 있는 등각 view로 나타내시오.

다. 구조해석을 위한 유한요소모델은 다음과 같이 생성하시오.
   1) 해석모델에서 해석 과정에 영향을 미치지 않는 0.5mm 이하의 Chamfer, Fillet 및 지름 1mm 이하의 Hole 형상을 제거하고 해석 모델의 메쉬(Mesh)를 생성하시오.
      - 기본 Mesh size는 2mm로 설정하고, Fillet 및 Hole 등 응력 집중이 예상되는 곳에는 Mesh 품질을 적절하게 작업할 것
      - 10절점 4면체요소 고차 요소(10-Noded 3D Tetrahedral Element)를 사용할 것.
      - 재질은 다음 재료 물성표를 이용하여 해석에 필요한 정보를 직접 입력하시오.

Material Properties	Aluminum
Mass Density (RHO)	$2.67 \times 10{-6}$ (kg/mm3)
Young's Modulus (E)	70 GPa
Poisson's Ratio (NU)	0.33
Yield Strength	229 MPa
Tensile Strength	2.9+e11 N/m^2
Thermal expansion coefficient	2.5 e-05 /K
Thermal conductivity	117 W/(m*K)
Material temperature	섭씨 30도

   2) 해석용 모델링을 수행하고 그 결과를 보고서 양식에 따라 작성하시오.
      - 해석용 모델링 작업 보고서 작성 사항

a. 원형 모델 등각 View
b. 해석 간소화 모델 등각 View
c. 유한요소모델 등각 View
d. Node(절점) 개수
e. Element(요소) 개수
f. 사용 소프트웨어 이름
   ※ 유한요소모델은 메시(Mesh) 형상이 나타나야 함

01 CAD 데이터 파일열기

파일>열기>에서 모든 파일로 설정이후에 [예제1] 파일을 연다.
"진단 불러오기를 실행할까요?" 아니오를 클릭한다.

"피쳐 인식으로 작업을 진행하시겠습니까?"
"아니오" 를 클릭한다.

문제에서 주어진 색 검토, 0.5mm 이하 fillet, 미세한 구멍을 확인한다.

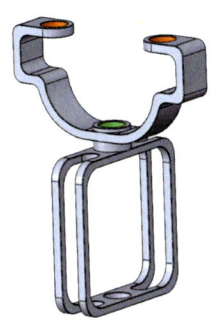

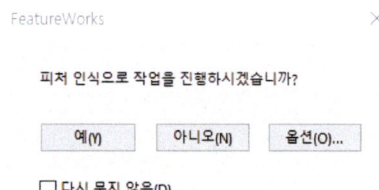

02 피쳐 인식 진행

SOLIDWORKS 의 피쳐 인식 기능을 활용을 위해 FeatureWorks 의 피쳐인식을 진행한다.
FeatureWorks 대화창에서 자동, 표준을 체크하고 확인을 클릭한다.

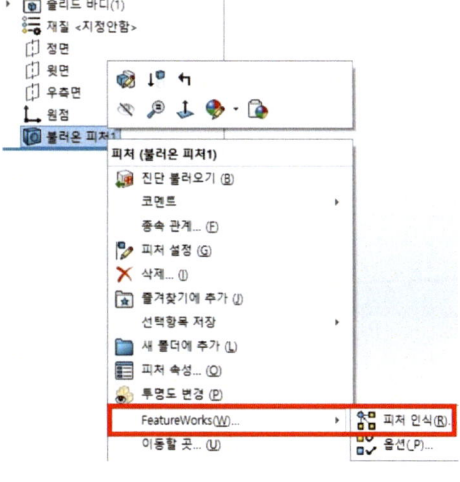

화면 적용에서 흰색 단색으로 교체한다.

문제에서 주어진 단색 (초록색, 주황색)을 해당 면에 동일하게 입힌다. Feature manager tree 피처를 단독으로 클릭하여 변형된 형상과 검토한다.

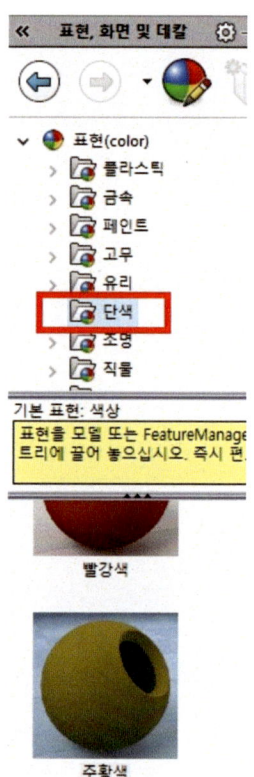

03 설정 이름 바꾸기

설접 탭을 클릭한다.
기존 설정을 "원형 모델"으로 이름을 바꾼다.

04 설정 추가 - 해석 간소화 실행

설정에서 "해석 간소화 모델"을 추가로 생성한다.

생성된 feature manager 에서 0.5mm 이하 필렛 형상을 억제한다.

생성된 feature manager 에서 0.5mm 이하 모따기 형상을 억제한다.

생성된 feature manager 에서 1mm 이하 hole 형상을 억제한다.

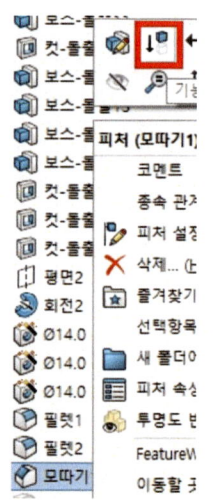
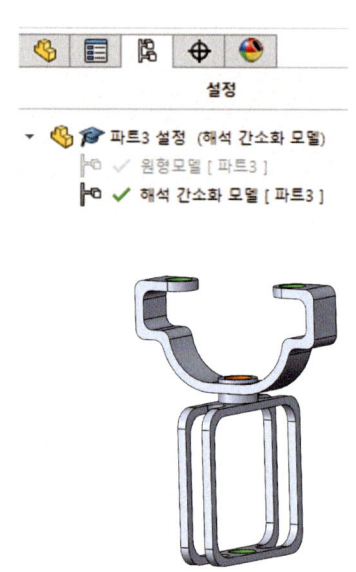

05 솔리드웍스 해석 애드인

도구, 애드인을 클릭한다.
SOLIDWORKS SIMULATION 을 선택한다.
확인을 클릭한다.

시작 > 확인은 다음에 소프트웨어를 실행 시에도 Simulation 모듈이 자동 실행된다.

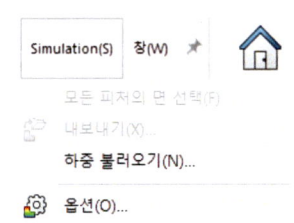

06 SIMULATION 기본 단위 설정

풀다운 메뉴 > Simulation > 옵션을 클릭한다.
SOLIDWORKS Simulation 기본 옵션 아래에서 단위를 선택한다.

기본 옵션 아래에서 단위를 선택한다.
단위계를 SI(MKS)로, 길이/변위는 mm 로, 응력을 N/mm^2(MPa)로 설정한다.

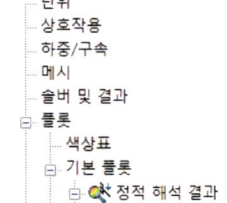

07 색상표 지정

플롯 폴더아래에서 색상표를 선택한다.
숫자 형식을 유동법으로 설정하고 소수점 자리수를 3으로 설정한다.
이 창에서 모든 차트 옵션을 검토해본다.
확인을 클릭하여 옵션창을 닫는다.

08 재질 속성 지정

재질 적용/편집을 클릭한다.
SOLIDWORKS Materials 폴더를 확장하고 새 라이브러리를 선택하고 새 재질을 생성한다.
속성에서 모델 유형은 선형 등방성 탄성을 선택한다.
단위는 SI-N/mm^2 (MPa) 을 선택한다.

1과제에서 주어진 재질 정보를 새 재질 정보에 입력한다.

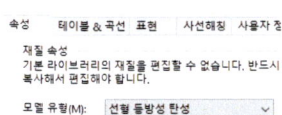

09 스터디 작성

스터디를 클릭한다.

10 스터디 이름 설정

스터디 유형으로 정적 해석을 클릭한다.
이름에 "정적구조해석" 을 입력하고 확인을 클릭한다.

11 메시 작성

메시 작성을 클릭한다.

12 메시 속성 설정

메시 파라미터 탭을 확장한다.
곡률기반 메시를 선택한다.

메시의 최대 크기는 2mm 이고, 최소 크기는 0.8mm ,원 안에서 최소 요소 수는 8이고, 요소 크기 성장률은 1,2이다.

13 메시 품질 설정

고급 탭을 확장한다. (솔리드웍스 버전 2020이하인 경우)
1차 요소 해석 메시를 체크해제하여 고품질 요소 (2차요소) 를 사용한다 .
확인을 클릭하여 메시를 생성한다.

14 메시 정보 표시

메시를 작성했으므로, 메시를 오른쪽 클릭하여 "자세히"를 선택하여 Node(절점) 개수 , Element(요소) 개수를 확인할 수 있다.

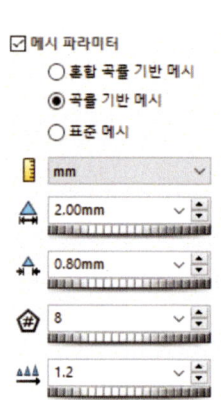

[2과제 - 정적구조해석 해석 결과]

가. 1과제 해석용모델링 과제를 수행하고 만들어진 해석용모델링을 이용하여, 정적구조해석 경계조건(하중조건, 구속조건)을 적용 하여 정적구조해석을 수행하고, 해석결과를 주어진 보고서의 양 식에 따라 작성하시오.

나. 보고서를 작성할 때 필요한 그림 캡처는 주어진 모델을 기준으로 결과가 잘 나타날 수 있는 등각 View로 나타내시오.

다. 각종 결과값은 지시한 단위를 기준으로 소수점 이하 3자리까지 쓰시오.

   1) 아래 형상과 다음 고려사항을 참조하여 경계조건(하중 조건, 구속 조건)을 부여하고 해석을 수행하시오.

- 정적구조해석에 다음과 같은 경계조건을 부여하시오.
    a. ①의 3군데 초록색 Hole 내부 면의 모든 자유도 구속
    b. ②의 1군데 주황색 표시면 XY 평면에 수직방향, 아래쪽(1개의 Hole)을 향해 외압 0.5 MPa 적용
    c. 해석 대상의 자중은 무시
2) 정적구조해석을 수행하고 그 결과를 보고서 양식에 따라 작성하 시오.
    - 해석 결과 보고서 작성 사항
    a. 지시된 경계조건이 적용되어 나타난 등각 View (경계 조건에 대한 표현은 사용하는 S/W에서 제공하는 기능 이용)
        - 경계조건 항목 리스트 (적용한 경계조건을 간략하게 명시)
    b. 변형 량의 최대값과 그 방향 및 크기를 확인할 수 있는 View (변형 전 형상/변형 후 형상을 동시에 표시하도록 캡처하여 보고서 Template에 삽입하고, 변형량 값이 표시된 범례를 포함시킬 것)
    c. 응력 표시는 Nodal 값의 평균값을 사용하여 발생하는 von-Mises Stress의 최대값과 그 위치 및 크기를 알 수 있는 View (발생 응력의 최대값이 위치 한 곳을 확인할 수 있는 형상을 캡처하여 보고서에 삽입하고 응력 값이 표시된 범례를 포함시킬 것)
    d. 항복 강도를 기준으로 한 안전 율(Safety Factor)

01 파일 열기
[1과제] 에서 메시 생성까지 진행한 [예제1] 파일을 불러온다. 정적구조해석 해석 탭을 활성화한다.

02 고정 구속 조건 정의
구속을 클릭한다.
표준 탭을 확장하고 고정 지오메트리를 클릭하고 3EA 초록색 지지면을 선택하여 구속 조건을 정의한다.
확인을 클릭한다.

03 하중 방향 정의
압력을 클릭 후에 주황색 면을 선택한다.
참조형상 사용을 클릭 후에 정면을 클릭한다.
면에 수직방향을 선택한다.

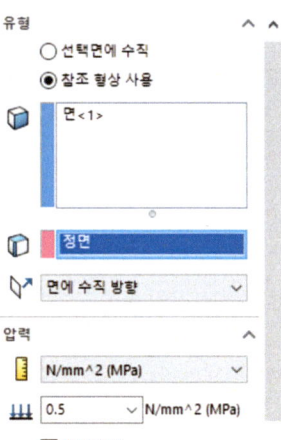

04 압력 크기 입력
압력의 크기는 0.5 MPa 를 입력한다.
반대방향을 체크한다.
확인을 클릭한다.

05 평균 응력 체크
스터디명의 우클릭후에 속성을 클릭한다.
옵션의 '중간노드에서 평균 응력'을 체크한다.

06 해석 실행
시뮬레이션 탭의 "이 스터디실행" 아이콘을 클릭한다.

07 응력 플롯 표시 및 편집
결과 폴더 아래에서 응력1을 두 번 클릭하여 플롯을 표시한다. 형상은 "자동"으로 체크를 확인한다. 정의 탭의 고급옵션에서 중간노드에서 평균 입력이 체크되어 있는지 확인한다.

• 차트 수정
응력을 오른쪽 클릭하고 차트 옵션을 선택한다.
최대주석표시를 선택하여 마커를 플롯에 표시한다.
자동으로 정의된 최대값, 최소값을 유지한다.

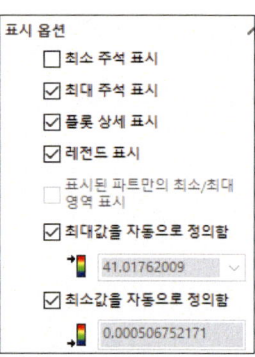

08 응력 집중 위치 확인
미세 메시를 적용적용하기 위해 응력 집중이 되는 곳을 확인한다. Von Mises응력이 집중되는 것은 고정 지지 모서리 하단부임을 확인한다.

09 메세 메시 적용
최대 응력이 발생한 원통 안쪽 면 2EA에 미세 메시를 0.8mm, 비율 1.4 를 적용한다.

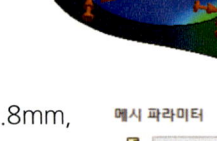

10 메시 작성을 클릭하고, 곡률 기반 메시 최대값은 2mm, 최소값은 0.8mm, 요소크기증가율이 1.2 로 적용되어있음을 확인한다. 확인을 클릭한다.

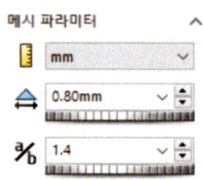

11 스터디를 실행한다.

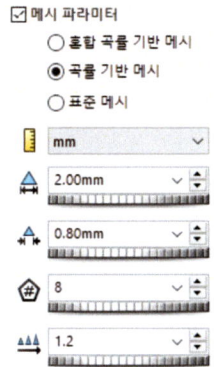

12 변위 플롯 보기

해석 실행이 끝나면 SOLIDWORKS Simuation은 결과 폴더를 자동으로 작성한다. 이 폴더에서는 응력1, 변위1, 변형률1이 포함된다. 변위 플롯 아이콘을 더블 클릭한다. 변위는 최대 총 변위 0.053 mm 를 표시한다.

13 변위 플롯 설정

변위1을 오른쪽 클릭 후 정의 탭으로 자동으로 설정되어 있다.
색상 보이기 란이 체크되어 있지 않으면 파트 색으로 결과가 표현된다.

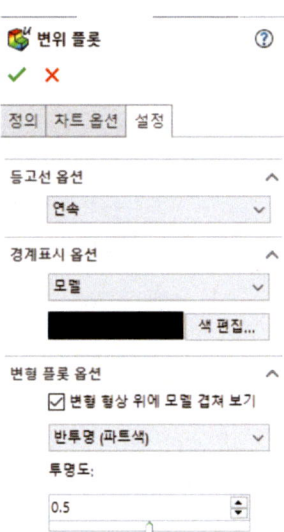

14 미변형 형상 표시

설정탭을 선택한다.
경계 표시 옵션을 모델로 전환한다.

- 미변형 형상을 겹쳐 표시

변형 형상 위에 모델 겹쳐 보기를 선택한다.
미변형 이미지의 투명도를 조정할 수 있다.
반투명(파트색), 투명도를 0.5로 설정한다.
확인을 클릭한다.

- 정의 란의 자동과 실제 배율을 비교해본다.

사용자 정의에서 배율을 100으로 조정한다.

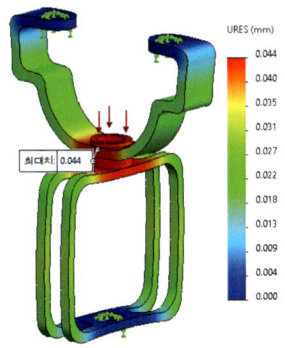

15 변위 플롯 결과

변위 결과는 0.044 mm 임을 확인한다.

16 응력 플롯 설정 수정

응력1을 오른쪽 클릭하고 설정을 선택한다.
변위와 마찬가지로 경계 표시는 모델로 설정한다.
등고선은 연속으로 설정한다.

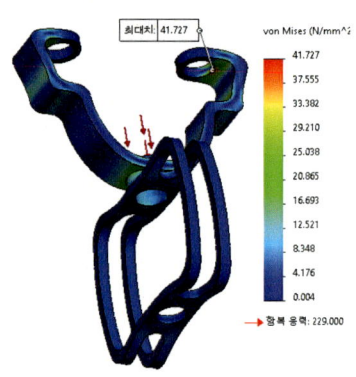

17 응력 결과 확인

응력은 41.727 MPa 임을 확인한다.

18 안전 계수 분포 플롯

결과 폴더를 우측 클릭 후에 안전 계수 플롯 정의를 클릭한다. 첫번째 창에서 최대 von Mises 응력을 선택한다.
두번째 단계는 이전 단계에서 선택한 von Mises 응력과 비교하는데 사용할 재질 상수는 항복응력을 선택한다.

확인을 클릭한다.

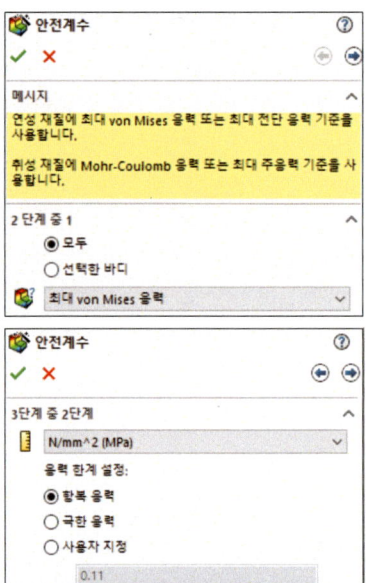

19 차트옵션 편집

차트옵션의 색옵션에서 뒤집기를 체크한다.
표시 옵션의 최소 주석 표시한다.

20 안전 계수 플롯 결과

안전 계수 결과 플롯의 범례에서 안전 계수 5.488 이다.

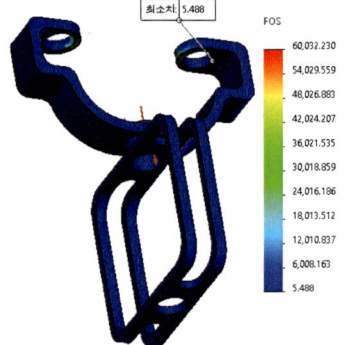

<1과제 - 유한요소 모델 작업 사항>

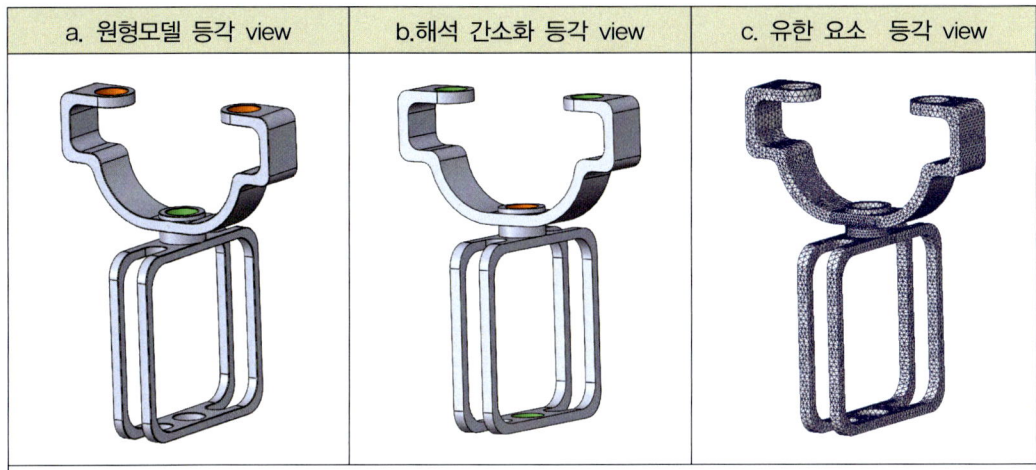

<2과제 - 정적구조해석 결과>

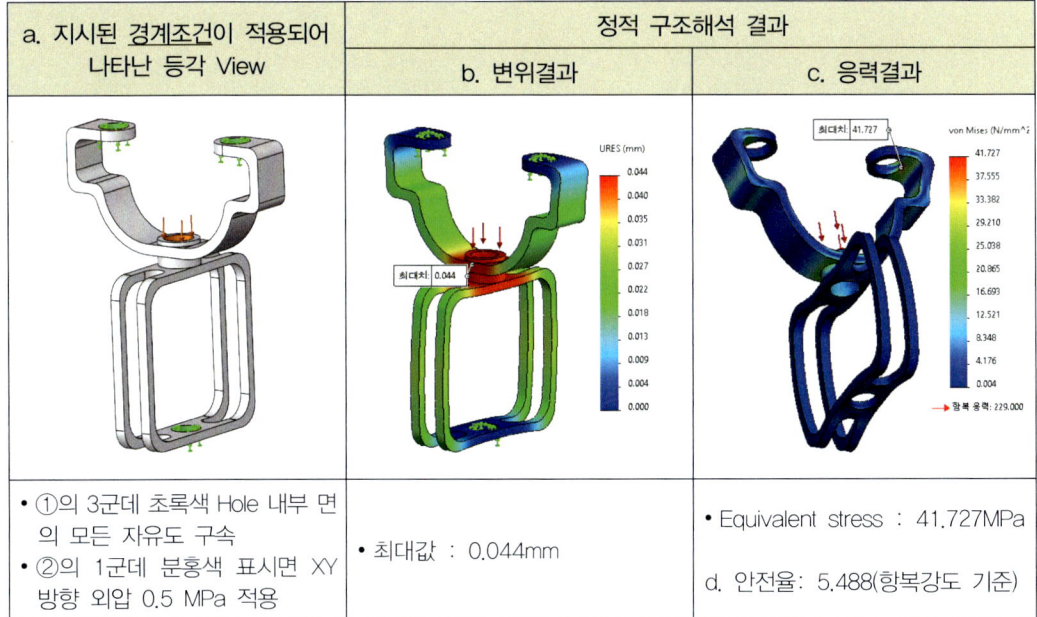

[3과제 - 열전달해석]

가. 1과제 해석용모델링 과제를 수행하고 만들어진 해석용모델링을 이용하여, 열 전달 해석 열 하중 조건을 적용 하여 열전달해석을 수행하고, 해석결과를 주어진 보고서의 양 식에 따라 작성하시오.

나. 보고서를 작성할 때 필요한 그림 캡처는 주어진 모델을 기준으로 결과가 잘 나타날 수 있는 등각 View로 나타내시오.

다. 각종 결과값은 지시한 단위를 기준으로 소수점 이하 3자리까지 쓰시오.
   1) 아래 형상과 다음 고려사항을 참조하여 열 하중 조건을 부여하고 해석을 수행하시오.
     - 열전달해석에 다음과 같은 열하중조건을 부여하시오.
      a. ①의 초록색 표기면 3군데 Hole 내부면 온도 40℃ 정상상태 적용
      b. ②의 주황색 표기면 1군데 Hole 내부면 온도 80℃ 정상상태 적용
      c. ①과 ②의 4군데 Hole을 제외한 모든 표면에 대류 경계 조건 적용
        - 외부의 주변온도 30℃
        - 대류열전달계수 10W/(m2·℃)
   2) 열전달해석을 수행하고 그 결과를 보고서 양식에 따라 작성하 시오.
     - 해석 결과 보고서 작성 사항
      a. 지시된 경계조건이 적용되어 나타난 등각 View
        (경계조건에 대한 표현은 사용하는 S/W에서 제공하는 기능 이용)
        - 경계조건 항목 리스트(적용한 경계조건을 간략하게 명시)
      b. 온도분포의 최대값과 최소값을 크기를 확인할 수 있는 View
        - 온도분포의 최소값과 최대값의 리스트

01 열해석 스터디 작성
    예제1 파일을 이용하여 [열전달] 이라는 이름의 스터디를 작성한다.

02 지지면 온도 정의
    열 하중을 오른쪽 클릭하고 온도를 선택한다.
    초록색 면에 온도 40도를 정의한다.

03 하중면 온도 정의
    열 하중을 오른쪽 클릭하고 온도를 선택한다.
    주황색 면에 온도 80도를 정의한다.

04 대류정의

열 하중을 오른쪽 클릭하고 대류를 선택한다.

전체 모든 면을 선택후, shift를 누른상태에서 온도와 지지 정의된 면을 선택하여 제외한다.

주어진 대류계수로 10W/m^2K를 지정하고, 주변 온도를 섭씨 30도 (273.15+30 K) 를 정의한다.

기호 설정의 대류 기호 크기를 50으로 변경하여 기호의 크기를 조절한다.

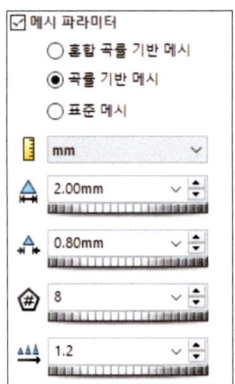

05 메시 속성 설정

메시 파라미터 탭을 확장한다.
곡률기반 메시를 선택한다.

메시의 최대 크기는 2mm 이고, 최소 크기는 0.8mm , 원안에서 최소 요소 수는 8이고, 요소 크기 성장률은 1,2이다.

06 해석 실행

스터디 이름을 우 클릭 후 해석을 실행한다.

07 정상 상태 온도 분포 표시

결과 디렉토리에서 생성된 열 1 플롯을 더블 클릭한다.
차트옵션에서 최소주석표시, 최대 주석 표시를 선택한다.
최소값 : 39.995 도, 최대값 80 를 확인한다.
온도,대류 경계 조건을 숨기고 결과를 범례포함하여 캡쳐한다.

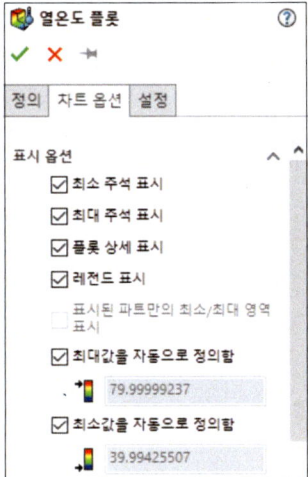

<열전달 해석 : 해석결과 보고서 작성 사항>

- ①의 초록색 표기면 3군데 Hole 내부면 온도 80℃ 정상상태 적용
- ②의 주황색 표기면 1군데 Hole 내부면 온도 40℃ 정상상태 적용
- ①과 ②의 4군데 Hole을 제외한 모든 표면에 대류 경계 조건 적용 /외부의 주변온도 30℃/대류열전달계수 10W/(m2 K)

c. 온도 분포 : 39.995~80

[4과제 - 열응력해석]

가. 3과제 열전달 과제를 수행하고 만들어진 열전달해석 결과를 이용하여, 열하중 조건을 적용하고, 구속 조건을 적용하여 열응력해석을 수행하고, 해석결과를 주어진 보고서의 양 식에 따라 작성하시오.

나. 보고서를 작성할 때 필요한 그림 캡처는 주어진 모델을 기준으로 결과가 잘 나타날 수 있는 등각 View 로 나타내시오.

다. 각종 결과값은 지시한 단위를 기준으로 소수점 이하 3자리까지 쓰시오.
   1) 아래 형상과 다음 고려사항을 참조하여 경계조건(하중 조건, 구속 조건)을 부여하고 해석을 수행하시오.
      - 열응력해석에 다음과 같은 경계조건을 부여하시오.
         a. ①의 3군데 초록색 표시면의 모든 자유도 구속
         b. 열전달해석에서 얻은 결과를 열 하중으로 Mapping
         c. 해석 대상의 자중은 무시
   2) 열응력해석을 수행하고 그 결과를 보고서 양식에 따라 작성하시오.
      - 해석 결과 보고서 작성 사항

a. 지시된 경계조건이 적용되어 나타난 등각 View
   (경계 조건에 대한 표현은 사용하는 S/W에서 제공하는 기능 이용)
   - 경계조건 항목 리스트(적용한 경계조건을 간략하게 명시)
b. 변형량의 최대값과 그 방향 및 크기를 확인할 수 있는 View (변형 전 형상/변형 후 형상을 동시에 표시하도록 캡처하여 보고서 Template에 삽입하고, 변형량 값이 표시된 범례를 포함시킬 것)
c. 응력 표시는 Nodal 값의 평균값을 사용하여 발생하는 von-Mises Stress의 최대값과 그 위치 및 크기를 알 수 있는 View(발생 응력의 최대값이 위치 한 곳을 확인할 수 있는 형상을 캡처하여 보고서에 삽입하고 응력 값이 표시된 범례를 포함시킬 것)
d. 항복 강도를 기준으로 한 안전율(Safety Factor)

01 정적스터디 작성
[예제1] 파일에서 정적스터디를 작성하고 [열응력] 이름을 지정한다.

02 해석에 열 효과 포함
열응력 스터디를 오른쪽 클릭하고 속성을 선택한다.

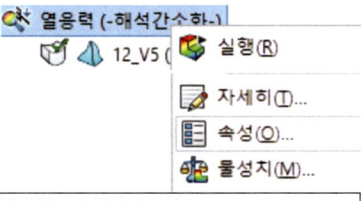

03 연성해석
유동/온도 효과에서 열전달 해석에서 얻은 결과 [열전달] 을 선택한다.

04 참조 온도 설정
제로 변형률 참조 온도는 모델에 열 변형이 없는 것으로 간주되는 온도에 해당한다.
[1과제]의 재질 속성에 주어진 재질 온도(Material Temperature) 30도(섭씨)를 제로 변형율 참조 온도에 입력한다. 확인을 클릭한다.

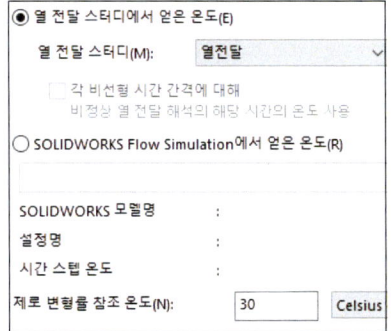

05 평균 응력 체크
옵션의 '중간노드에서 평균 응력'을 체크한다.

06 메시 조건

메시 파라미터 탭을 확장한다.
곡률기반 메시를 선택한다.

메시의 최대 크기는 2mm 이고, 최소 크기는 0.8mm 원안에서 최소 요소 수는 8이고, 요소 크기 성장률은 1,2이다.

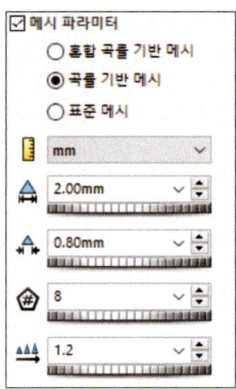

07 지지 조건

지지부에 고정 지오메트리를 부여한다.

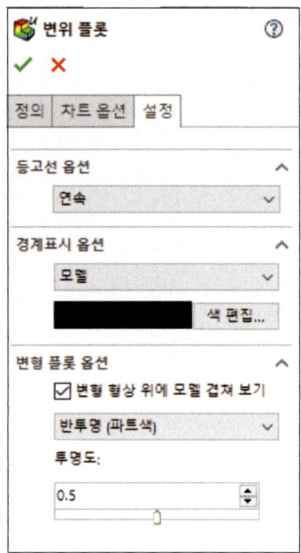

08 스터디를 실행한다.

해석 실행이 끝나면 SOLIDWORKS Simuation은 결과 폴더를 자동으로 작성한다. 이 폴더에서는 응력1, 변위1, 변형률1이 포함된다. 변위 플롯 아이콘을 더블 클릭한다.

09 변위 플롯 설정

변위1을 오른쪽 클릭 후 정의 탭으로 자동으로 설정되어 있다. 색상 보이기 란이 체크되어 있지 않으면 파트색으로 결과가 표현된다.

설정탭을 선택한다.
경계 표시 옵션을 모델로 전환한다.

• 미변형 형상을 겹쳐 표시
변형 형상 위에 모델 겹쳐 보기를 선택한다.
미변형 이미지의 투명도를 조정할 수 있다.
반투명(파트색), 투명도를 0.5로 설정한다.

• 차트 수정
차트 옵션을 선택한다.
최대주석표시를 선택하여 마커를 플롯에 표시한다.

확인을 클릭한다.

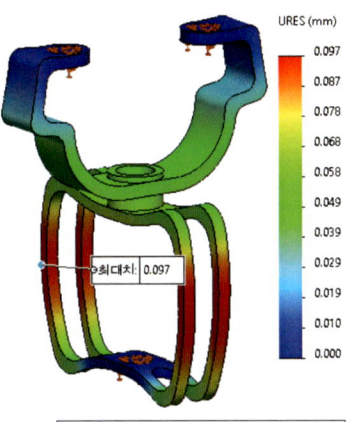

• 변위 플롯 결과
변위 결과는 0.107 mm 임을 확인한다.
고정, 하중 경계 조건을 숨긴다.
변위 플롯을 범례와 근접시킨 후 캡쳐한다.

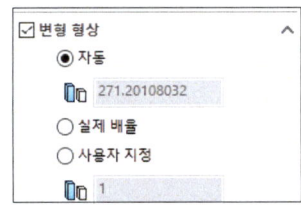

10 응력 플롯 표시 및 편집

결과 폴더 아래에서 응력1을 두 번 클릭하여 플롯을 표시한다. 형상은 "자동"으로 체크를 확인한다. 정의 탭의 고급옵션에서 중간노드에서 평균 입력을 클릭한다.

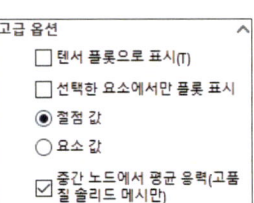

11 차트 수정

응력을 오른쪽 클릭하고 차트 옵션을 선택한다.
최대주석표시를 선택하여 마커를 플롯에 표시한다.
자동으로 정의된 최대값, 최소값을 유지한다.

12 응력 플롯 설정 수정

응력1을 오른쪽 클릭하고 설정을 선택한다.
변위와 마찬가지로 경계 표시를 모델로 설정한다.
등고선은 연속으로 설정한다.

13 응력 결과 확인

응력은 46.264 MPa 임을 확인한다.

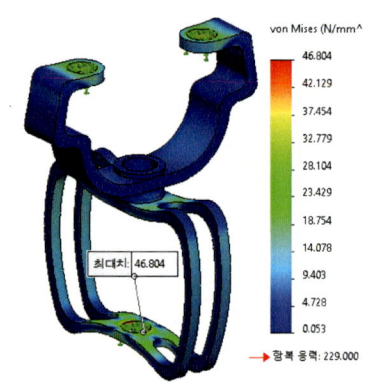

14 안전 계수 분포 플롯

결과 폴더를 우측 클릭 후에 안전 계수 플롯 정의를 클릭한다.
첫번째 창에서 최대 von Mises 응력을 선택한다.
거의 모든 경우에 von Mises 응력을 사용한다.

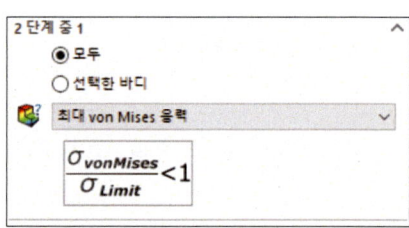

두번째 단계는 이전 단계에서 선택한 von Mises 응력과 비교하는데 사용할 재질 상수로 항복 응력을 지정한다.

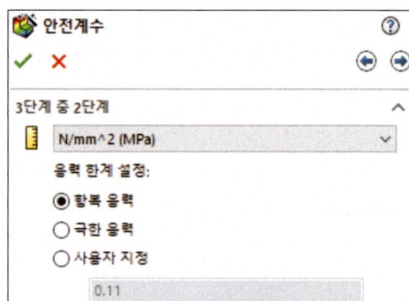

차트 옵션에서 최소 주석 표시를 체크하고, 색 옵션에서 뒤집기를 해제한다.

15 안전 계수 플롯 해석

안전 계수 결과 플롯의 범례에서 안전 계수 4.803를 확인한다.

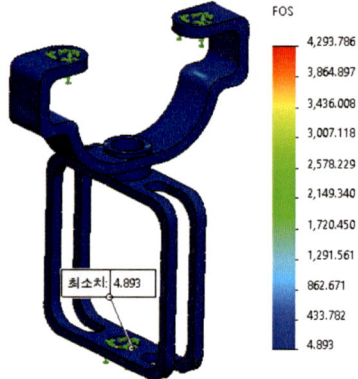

〈열응력 해석 : 해석결과 보고서 작성 사항〉

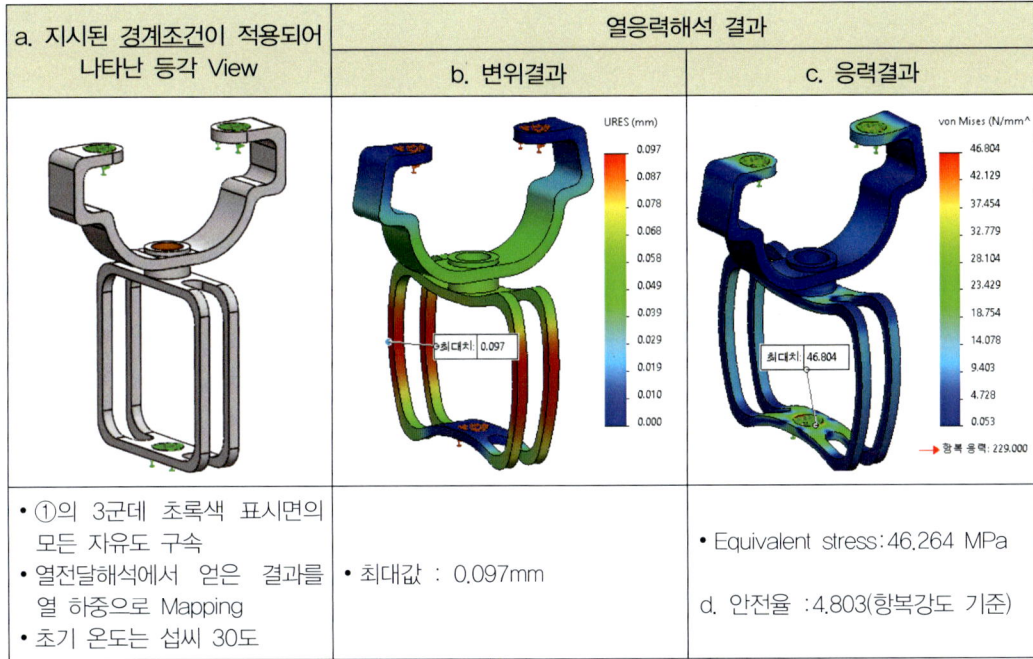

[5과제 - 동적구조해석]

가. 1과제 해석용모델링 과제를 수행하고 만들어진 해석용모델링을 이용하여, 동적구조해석 경계조건(구속조건)을 적용 하여 동적구조해석을 수행하고, 해석결과를 주어진 보고서의 양식에 따라 작성하시오.

나. 보고서를 작성할 때 필요한 그림 캡처는 주어진 모델을 기준으로 결과가 잘 나타날 수 있는 등각 View로 나타내시오.

다. 모드 해석을 수행하고 그 결과를 보고서 양식에 따라 작성하시오.
   1) 아래 형상과 다음 고려사항을 참조하여 경계조건(구속 조건)을 부여하고 해석을 수행하시오.
     - 동적구조해석에 다음과 같은 경계조건을 부여하시오.
       a. ①의 3군데 초록색 Hole 내부 면의 모든 자유도 구속
         (경계 조건에 대한 표현은 사용하는 S/W에서 제공하는 기능 이용)
   2) 동적구조해석을 수행하고 그 결과를 보고서 양식에 따라 작성하 시오.
     - 모드의 추출 개수:1차 모드부터 3차 모드까지 추출함
       a. 지시된 경계조건이 적용되어 나타난 등각 View
       b. 모드 형상(mode shape)의 등각 View (변형 전 형상/변형 후 형상을 동시에 표시하도록 캡처하여 보고서 Template에 삽입할 것)
       c. 추출된 모드의 주파수

01 파일 불러오기
앞서 진행한 파일을 연다.

02 고유진동수 스터디 작성
고유진동수 해석유형으로 선택하여 동적구조해석 스터디를 작성한다.

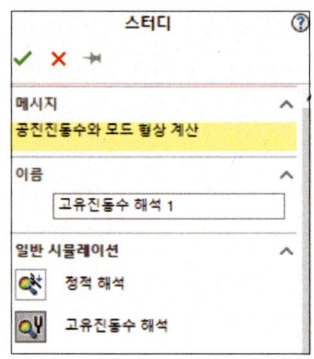

03 스터디속성 설정
동적구조해석 스터디를 오른쪽 클릭하여 속성을 선택한다. 옵션에서 처음 세 개의 고유진동수를 계산하도록 3을 진동수로 입력한다.

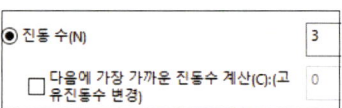

04 재질속성 검토
사용자 재질에서 이미 부여된 속성이 SOLIDWORKS모델에서 자동으로 이전된다.

05 구속정의
고정 지오메트리 구속을 초록색 3 Hole 내부면에 적용한다.

06 메시 작성
메시 작성을 클릭한다.

07 메시 속성 설정
메시 파라미터 탭을 확장한다.
곡률기반 메시를 선택한다.

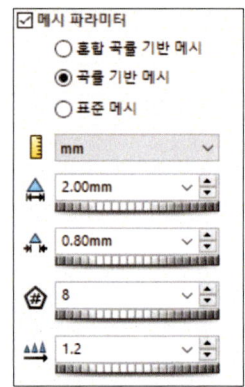

메시의 최대 크기는 2mm 이고, 최소 크기는 0.8mm,
원안에서 최소 요소 수는 8이고, 요소 크기 성장률은 1,2이다.

08 해석 수행

09 고유주파수 확인
결과 폴더를 우측 클릭후에 "공진진동수 표시" 클릭하여 확인한다.

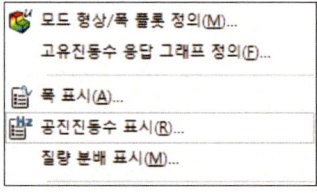

10 결과 폴더에 작성된 1차 mode shape를 클릭한다.
　　모드 형상을 우측 클릭후에 설정을 클릭한다.
　　변형 플롯 옵션에서 모델 겹쳐보기를 클릭한다.
　　투명도는 0.6으로 설정한다.
　　고정 구속 조건을 숨긴 후, 1차 mode shape를 캡쳐한다.

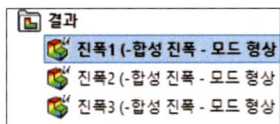

11 결과 폴더에 작성된 2차 mode shape를 클릭한다.
　　모드 형상을 우측 클릭후에 설정을 클릭한다.
　　변형 플롯 옵션에서 모델 겹쳐보기를 클릭한다.
　　투명도는 0.6으로 설정한다.

　　2차 mode shape를 캡쳐한다.

　　3차 mode shape를 캡쳐한다.

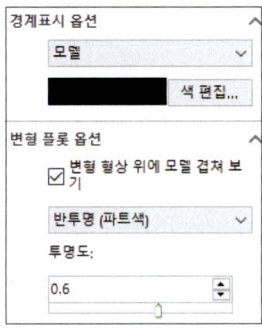

〈동적 구조해석 : 해석결과 보고서 작성 사항〉

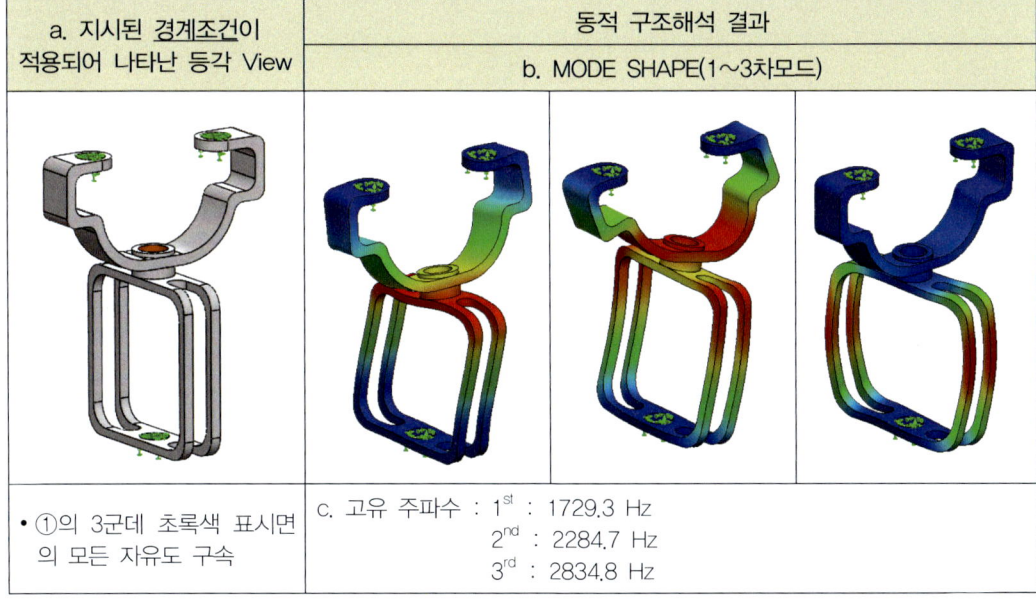

02 [과정평가] 기계설계기사 예제 2

[1과제 - 정적 구조 해석 유한요소모델]

가. 주어진 3D CAD 데이터(Step 파일 또는 Parasolid 파일)를 이용하여 정적구조해석을 위한 유한요소 모델을 생성하고 요소모델의 정 보를 제공된 보고서 양식에 따라 작성하시오.
   ※ CAD 모델(Step 파일 또는 Parasolid 파일 제공)

나. 제출보고서에는 주어진 모델을 기준으로 결과를 가장 잘 표현할 수 있는 등각 view로 나타내시오.

다. 구조해석을 위한 유한요소모델은 다음과 같이 생성하시오.
   1) 해석모델에서 해석 과정에 영향을 미치지 않는 0.5mm 이하의 Chamfer, Fillet 및 지름 1mm 이하의 Hole 형상을 제거하고 해석 모델의 메쉬(Mesh)를 생성하시오.
      - 기본 Mesh size는 2mm로 설정하고, Fillet 및 Hole 등 응력 집중이 예상되는 곳에는 Mesh 품질을 적절하게 작업할 것
      - 10절점 4면체요소 고차 요소(10-Noded 3D Tetrahedral Element) 를 사용할 것.
      - 재질은 다음 재료 물성표를 이용하여 해석에 필요한 정보를 직접 입력하시오.

Material Properties	Aluminum
Mass Density (RHO)	2.17×10^{-6} (kg/mm3)
Young's Modulus (E)	40 GPa
Poisson's Ratio (NU)	0.31
Yield Strength	209 MPa
Tensile Strength	2.9+e11 N/m^2
Thermal expansion coefficient	6.35 e-07 m / (inch*K)
Thermal conductivity	117 W/(m*K)
Material temperature	섭씨 30도

2) 해석용 모델링을 수행하고 그 결과를 보고서 양식에 따라 작성하시오.
   - 해석용 모델링 작업 보고서 작성 사항
     a. 원형 모델 등각 View
     b. 해석 간소화 모델 등각 View
     c. 유한요소모델 등각 View
     d. Node(절점) 개수
     e. Element(요소) 개수
     f. 사용 소프트웨어 이름
     ※ 유한요소모델은 메시(Mesh) 형상이 나타나야 함.

01 CAD 데이터 파일열기
파일>열기>에서 모든 파일로 설정이후에 [예제2] 파일을 연다.
"진단 불러오기를 실행할까요?" 아니오를 클릭한다.

"피쳐 인식으로 작업을 진행하시겠습니까?"
"아니오"를 클릭한다.

문제에서 주어진 색 검토, 0.5mm 이하 fillet, 미세한 구멍을 확인한다.

02 피쳐 인식 진행
SOLIDWORKS 의 피쳐 인식 기능을 활용을 위해 FeatureWorks 의 피쳐인식을 진행한다.
필렛 형상이 피쳐 인식이 되지 않는다.
피쳐 인식을 진행하지 않고, 원본 파일을 그대로 사용한다.
모든 중립파일이 FeatureWorks가 적용되지 않음을 알 수 있고, 이를 대처하기 위한 방법은 해석용 모델링에서 중요하다.

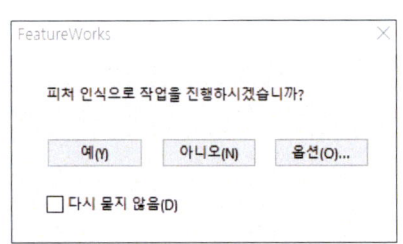

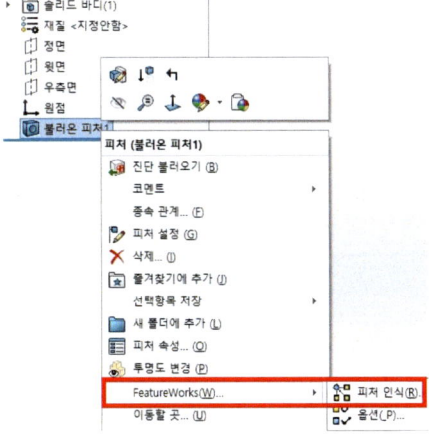

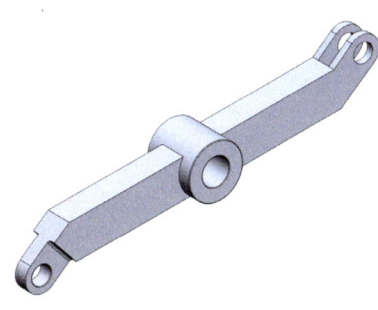

03 필렛 피쳐 생성

파일을 닫고 다시 오픈한다.
0.5mm 이하 필렛 형상 3EA에 피쳐 편집을 추가하기 위해서 해당 필렛에 우 클릭후, 피쳐 편집을 진행한다.
필렛 피쳐가 생성된다.

• 화면 적용에서 흰색 단색으로 교체한다.

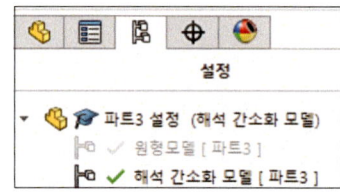

04 설정 추가

기존 설정을 "원형 모델"로 이름을 바꾼다.

• 해석 간소화 실행
설정에서 "해석 간소화 모델"을 추가로 생성한다.
생성된 필렛 피쳐를 기능억제한다.

05 SIMULATION 기본 단위 설정

풀다운 메뉴 > Simulation> 옵션을 클릭한다.
SOLIDWORKS Simulation 기본 옵션 아래에서 단위를 선택한다.

기본 옵션 아래에서 단위를 선택한다.
단위계를 SI(MKS)로, 길이/변위는 mm로, 응력을 N/mm^2(MPa)로 설정한다.

06 색상표 지정

플롯 폴더아래에서 색상표를 선택한다.
숫자 형식을 유동법으로 설정하고 소수점 자리수를 3으로 설정한다.
이 창에서 모든 차트 옵션을 검토해본다.
확인을 클릭하여 옵션창을 닫는다.

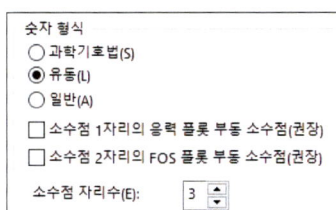

07 재질 속성 지정

재질 적용/편집을 클릭한다.
SOLIDWORKS Materials 폴더를 확장하고 새 라이브러리를 선택하고 새 재질을 생성한다.
속성에서 모델 유형은 선형 등방성 탄성을 선택한다.
단위는 SI-N/mm^2 (MPa) 을 선택한다.

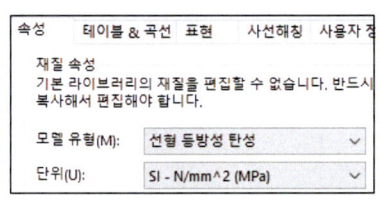

1과제에서 주어진 재질 정보를 새 재질 정보를 입력한다.

08 스터디 작성

스터디를 클릭한다.

09 스터디 이름 설정

스터디 유형으로 정적 해석을 클릭한다.
이름에 "정적구조해석" 을 입력하고 확인을 클릭한다.

10 메시 작성

메시 작성을 클릭한다.

11 메시 속성 설정

메시 파라미터 탭을 확장한다.
곡률기반 메시를 선택한다.

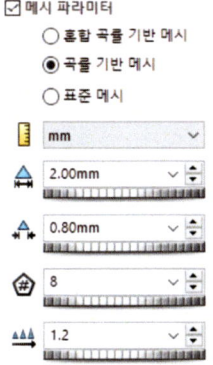

메시의 최대 크기는 2mm 이고, 최소 크기는 0.8mm ,원 안에서 최소 요소 수는 8이고, 요소 크기 성장률은 1,2이다

12 메시 정보 표시

메시를 작성했으므로, 메시를 오른쪽 클릭하여 "자세히"를 선택하여 Node(절점) 개수, Element(요소) 개수를 확인할 수 있다.

[2과제 - 정적구조해석 해석 결과]

가. 1과제 해석용 모델링 과제를 수행하고 만들어진 해석용 모델링을 이용하여, 정적구조해석 경계조건 (하중조건, 구속조건)을 적용 하여 정적구조해석을 수행하고, 해석결과를 주어진 보고서의 양식에 따라 작성하시오.

나. 보고서를 작성할 때 필요한 그림 캡처는 주어진 모델을 기준으로 결과가 잘 나타날 수 있는 등각 View 로 나타내시오.

다. 각종 결과값은 지시한 단위를 기준으로 소수점 이하 3자리까지 쓰시오.
  1) 아래 형상과 다음 고려사항을 참조하여 경계조건(하중 조건, 구속 조건)을 부여하고 해석을 수행 하시오.
     - 정적구조해석에 다음과 같은 경계조건을 부여하시오.
       a. ①의 2군데 초록색 Hole 내부 면의 모든 자유도 구속
       b. ②의 1군데 주황색 표시면 (X축 +방향), 외압 0.3 MPa 적용
       c. 해석 대상의 자중은 무시
  2) 정적구조해석을 수행하고 그 결과를 보고서 양식에 따라 작성하 시오.
     - 해석 결과 보고서 작성 사항
       a. 지시된 경계조건이 적용되어 나타난 등각 View (경계 조건에 대한 표현은 사용하는 S/W에서 제공하는 기능 이용)
          - 경계조건 항목 리스트 (적용한 경계조건을 간략하게 명시)
       b. 변형 량의 최대값과 그 방향 및 크기를 확인할 수 있는 View (변형 전 형상/변형 후 형상을 동시에 표시하도록 캡처하여 보고서 Template에 삽입하고, 변형 량 값이 표시된 범례를 포함시킬 것)
       c. 응력 표시는 Nodal 값의 평균값을 사용하여 발생하는 von-Mises Stress의 최대값과 그 위치 및 크기를 알 수 있는 View (발생 응력의 최대값이 위치 한 곳을 확인할 수 있는 형상을 캡처하여 보고서에 삽입하고 응력 값이 표시된 범례를 포함시킬 것)
       d. 항복 강도를 기준으로 한 안전 율(Safety Factor)

01 파일 열기

[1과제]에서 메시 생성까지 진행한 예제2.파일을 불러온다.
정적구조해석 해석 탭을 활성화한다.

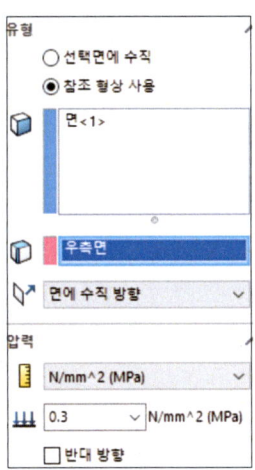

02 고정 구속 조건 정의

구속을 클릭한다.
표준 탭을 확장하고 고정 지오메트리를 클릭하고 3EA 초록색 지지 면을 선택하여 구속 조건을 정의한다.
확인을 클릭한다.

03 하중 방향 정의

압력을 클릭 후에 주황색 면을 선택한다.
참조 형상 사용을 클릭 후에 우측면을 클릭한다.
면에 수직 방향을 선택한다.

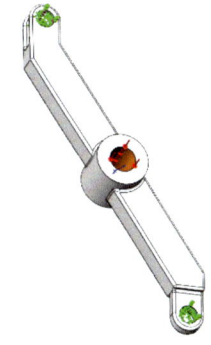

04 압력 크기 입력

압력의 크기는 0.3 MPa 를 입력한다.
확인을 클릭한다.

05 평균 응력 체크

스터디명의 우클릭후에 속성을 클릭한다.
옵션의 '중간노드에서 평균 응력'을 체크한다.

06 해석 실행

시뮬레이션 탭의 "이 스터디 실행" 아이콘을 클릭한다.

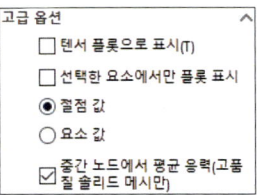

07 응력 플롯 표시 및 편집

결과 폴더 아래에서 응력1을 두 번 클릭하여 플롯을 표시한다. 형상은 "자동"으로 체크를 확인한다. 정의 탭의 고급옵션에서 중간노드에서 평균 입력을 체크를 확인한다.

• 차트 수정
응력을 오른쪽 클릭하고 차트 옵션을 선택한다.
최대주석표시를 선택하여 마커를 플롯에 표시한다.
자동으로 정의된 최대값, 최소값을 유지한다.

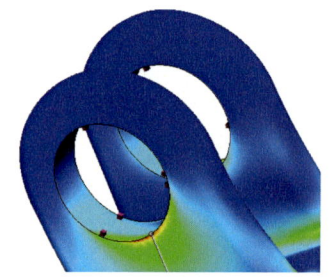

08 응력 집중 위치 확인

미세 메시를 적용적용하기 위해 응력 집중이 되는 곳을 확인한다. Von Mises응력이 집중되는 것은 고정 지지 모서리 하단부임을 확인한다.

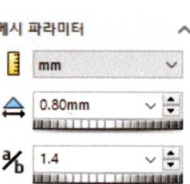

09 메시 업데이트

최대 응력이 발생한 원통 안쪽 면 2EA에 미세 메시를 0.8mm,를 적용한다.

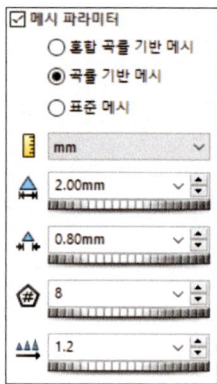

10 메시 작성을 클릭하고, 곡률 기반 메시 최대값은 2mm, 최소값은 0.8mm, 요소크기증가율이 1.2 로 적용되어있음을 확인한다. 확인을 클릭한다.

11 스터디를 실행한다.

12 변위 플롯 보기

해석 실행이 끝나면 SOLIDWORKS Simuation은 결과 폴더를 자동으로 작성한다. 이 폴더에서는 응력1, 변위1, 변형률1이 포함된다. 변위 플롯 아이콘을 더블 클릭한다.

13 변위 플롯 설정

변위1을 오른쪽 클릭 후 정의 탭으로 자동으로 설정되어 있다.
색상 보이기 란이 체크되어 있지 않으면 파트 색으로 결과가 표현된다.

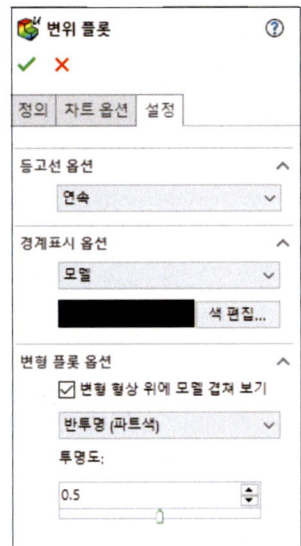

14 미변형 형상 표시

설정탭을 선택한다.
경계 표시 옵션을 모델로 전환한다.

• 미변형 형상을 겹쳐 표시
변형 형상 위에 모델 겹쳐 보기를 선택한다.

반투명(파트색), 투명도를 0.5로 설정한다.
확인을 클릭한다.

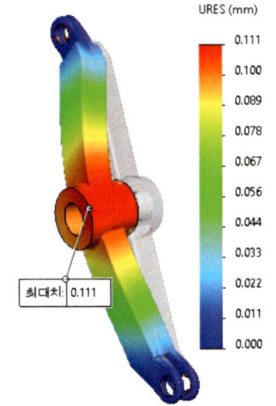

15 변위 플롯 결과

고정, 하중 경계 조건을 숨긴다.
0.111 mm임을 확인하다.
변위 플롯을 범례와 근접시킨 후 캡처한다.

16 응력 플롯 설정 수정

응력1을 오른쪽 클릭하고 설정을 선택한다.
변위와 마찬가지로 경계 표시는 연속으로 설정한다.
등고선은 연속으로 설정한다.

17 응력 결과 확인

응력은 56.004 MPa 임을 확인한다.

응력 결과를 범례와 근접하게 한 후 캡처한다.

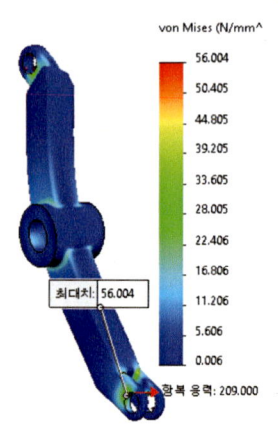

18 안전 계수 플롯 해석

안전 계수 결과 플롯의 범례에서 안전 계수 3.732를 확인한다.

〈1과제 - 유한요소 모델 작업 사항〉

a. 원형모델 등각 view	b. 해석 간소화 등각 view	c. 유한 요소 등각 view

d. Node(절점) 개수 : 220070
e. Element(요소) 개수 : 147625
f. 사용 S/W 명 : SOLIDWORKS Simulation

<2과제 - 정적구조해석 결과>

a. 지시된 경계조건이 적용되어 나타난 등각 View	정적 구조해석 결과	
	b. 변위결과	c. 응력결과
	URES (mm) 최대치: 0.111	
• ①의 2군데 초록색 Hole 내부 면의 모든 자유도 구속 • ②의 1군데 주황색 표시면 YZ 평면에 수직방향(X축 +방향), 외압 0.3 MPa 적용	• 최대값 : 0.111mm	• 등가응력 : 56.004 MPa d. 안전율 : 3.732

[3과제 - 열전달해석]

가. 1과제 해석용모델링 과제를 수행하고 만들어진 해석용모델링을 이용하여, 열 전달 해석 열 하중 조건을 적용 하여 열전달해석을 수행하고, 해석결과를 주어진 보고서의 양 식에 따라 작성하시오.

나. 보고서를 작성할 때 필요한 그림 캡쳐는 주어진 모델을 기준으로 결과가 잘 나타날 수 있는 등각 View 로 나타내시오.

다. 각종 결과값은 지시한 단위를 기준으로 소수점 이하 3자리까지 쓰시오.
   1) 아래 형상과 다음 고려사항을 참조하여 열 하중 조건을 부여하고 해석을 수행하시오.
     - 열전달해석에 다음과 같은 열하중조건을 부여하시오.
       a. ①의 초록색 표기면 2군데 Hole 내부면 온도 20℃ 정상상태 적용
       b. ②의 주황색 표기면 1군데 Hole 내부면 온도 50℃ 정상상태 적용
       c. ①과 ②의 4군데 Hole을 제외한 모든 표면에 대류 경계 조건 적용
         - 외부의 주변온도 30℃
         - 대류열전달계수 10W/(m2·℃)
   2) 열전달해석을 수행하고 그 결과를 보고서 양식에 따라 작성하 시오.
     - 해석 결과 보고서 작성 사항
       a. 지시된 경계조건이 적용되어 나타난 등각 View
         (경계조건에 대한 표현은 사용하는 S/W에서 제공하는 기능 이용)

- 경계조건 항목 리스트(적용한 경계조건을 간략하게 명시)
b. 온도분포의 최대값과 최소값을 크기를 확인할 수 있는 View
- 온도분포의 최소값과 최대값의 리스트

01 열해석 스터디 작성

[예제2] 파일의 [열전달]이라는 이름의 스터디를 작성한다.

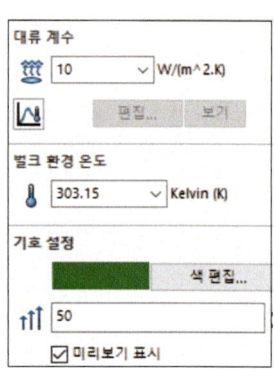

02 지지면 온도 정의

열 하중을 오른쪽 클릭하고 온도를 선택한다.
초록색 면에 온도 20도를 정의한다.

03 하중면 온도 정의

열 하중을 오른쪽 클릭하고 온도를 선택한다.
주황색 면에 온도 50도를 정의한다.

04 대류정의

열 하중을 오른쪽 클릭하고 대류를 선택한다.
전체 모든 면을 선택후, shift를 누른상태에서 온도와 지지 정의된 면을 제외한다.

주어진 대류계수로 10W/m^2K를 지정하고 주변 온도 섭씨 30도 (273.15+30 K) 를 정의한다.

기호 설정의 대류 기호 크기를 50으로 변경한다.

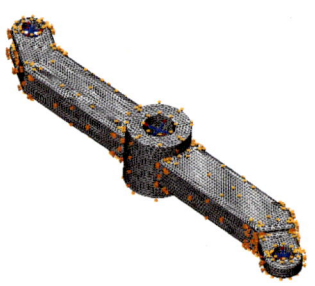

05 모델 메시

정적구조해석 스터디 탭의 메시 정보를 우 클릭 후 복사한다.
열전달 스터디의 메시에 붙여넣기 한다.

06 해석 실행

스터디 이름을 우클릭 후 해석을 실행한다.

07 정상 상태 온도 분포 표시

결과 디렉토리에서 생성된 열 1 플롯을 더블 클릭한다.
차트옵션에서 최소주석표시, 최대 주석 표시를 선택한다.
최소값 : 20 도, 최대값 50 를 확인한다.
온도,대류 경계 조건을 숨기고 결과를 범례포함하여 캡쳐한다.

<열전달 해석 : 해석결과 보고서 작성 사항>

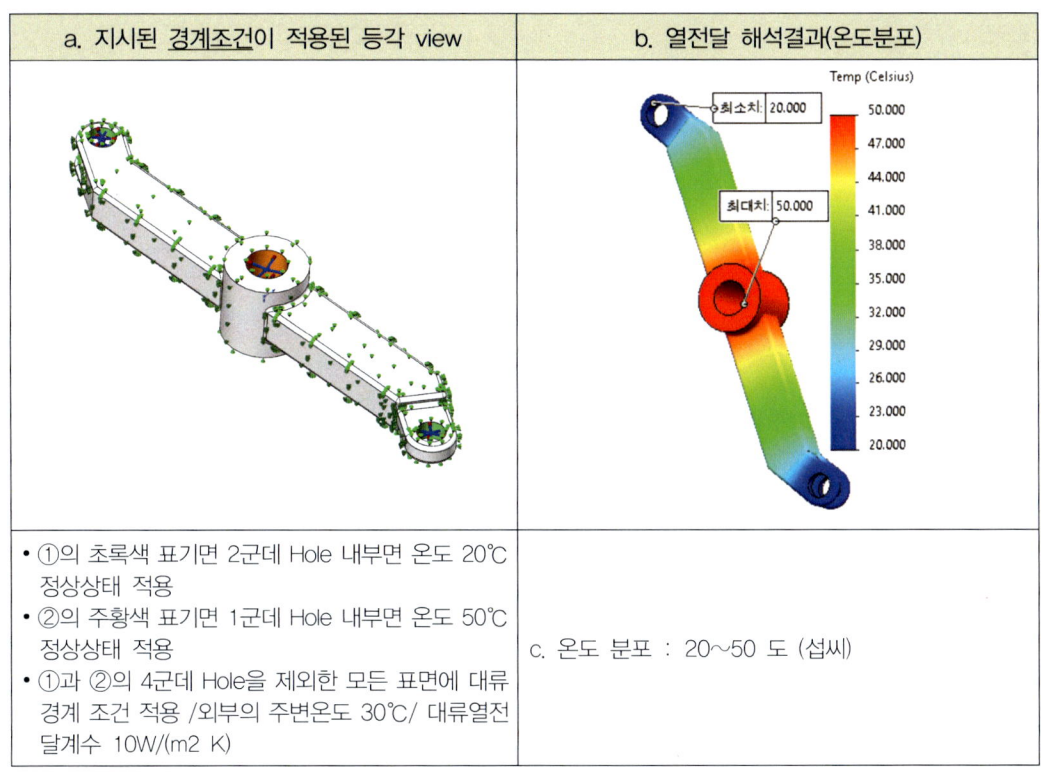

a. 지시된 경계조건이 적용된 등각 view	b. 열전달 해석결과(온도분포)
• ①의 초록색 표기면 2군데 Hole 내부면 온도 20℃ 정상상태 적용 • ②의 주황색 표기면 1군데 Hole 내부면 온도 50℃ 정상상태 적용 • ①과 ②의 4군데 Hole을 제외한 모든 표면에 대류 경계 조건 적용 /외부의 주변온도 30℃/ 대류열전달계수 10W/(m2 K)	c. 온도 분포 : 20~50 도 (섭씨)

[4과제 - 열응력해석]

가. 3과제 열전달 과제를 수행하고 만들어진 열전달해석 결과를 이용하여, 열하중 조건을 적용하고, 구속 조건을 적용하여 열응력해석을 수행하고, 해석결과를 주어진 보고서의 양 식에 따라 작성하시오.

나. 보고서를 작성할 때 필요한 그림 캡처는 주어진 모델을 기준으로 결과가 잘 나타날 수 있는 등각 View로 나타내시오.

다. 각종 결과값은 지시한 단위를 기준으로 소수점 이하 3자리까지 쓰시오.
   1) 아래 형상과 다음 고려사항을 참조하여 경계조건(하중 조건, 구속 조건)을 부여하고 해석을 수행하시오.
      - 열응력해석에 다음과 같은 경계조건을 부여하시오.
         a. ①의 3군데 초록색 표시면의 모든 자유도 구속
         b. 열전달해석에서 얻은 결과를 열 하중으로 Mapping
         c. 해석 대상의 자중은 무시
   2) 열응력해석을 수행하고 그 결과를 보고서 양식에 따라 작성하시오.
      - 해석 결과 보고서 작성 사항
         a. 지시된 경계조건이 적용되어 나타난 등각 View
            (경계 조건에 대한 표현은 사용하는 S/W에서 제공하는 기능 이용)
            - 경계조건 항목 리스트(적용한 경계조건을 간략하게 명시)
         b. 변형량의 최대값과 그 방향 및 크기를 확인할 수 있는 View (변형 전 형상/변형 후 형상을 동시에 표시하도록 캡처하여 보고서 Template에 삽입하고, 변형량 값이 표시된 범례를 포함시킬 것)
         c. 응력 표시는 Nodal 값의 평균값을 사용하여 발생하는 von-Mises Stress의 최대값과 그 위치 및 크기를 알 수 있는 View(발생 응력의 최대값이 위치 한 곳을 확인할 수 있는 형상을 캡처하여 보고서에 삽입하고 응력 값이 표시된 범례를 포함시킬 것)
         d. 항복 강도를 기준으로 한 안전율(Safety Factor)

01 정적스터디 작성
정적스터디를 작성하고 [열응력] 이름을 지정한다.

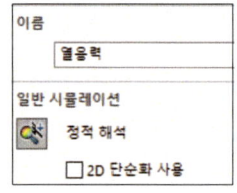

02 해석에 열 효과 포함
열응력 스터디를 오른쪽 클릭하고 속성을 선택한다.

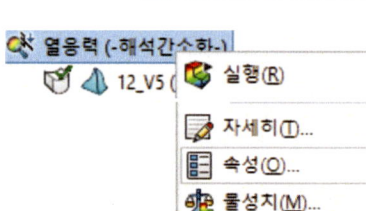

03 유동/온도 효과에서 열전달 해석에서 얻은 결과 "열전달"을 선택한다.

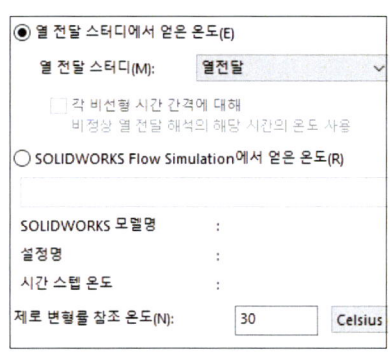

04 참조 온도 설정
제로 변형률 참조 온도는 모델에 열 변형이 없는 것으로 간주되는 온도에 해당한다.
[1과제]의 재질 속성에 주어진 온도 30도(섭씨)를 제로 변형율 참조 온도에 입력한다.
확인을 클릭한다.

05 메시 조건
정적구조해석 스터디 탭의 메시 정보를 우 클릭 후 복사한다. 열응력 스터디의 메시에 붙여넣기 한다.

06 지지 조건
지지부에 고정 지오메트리를 부여한다.

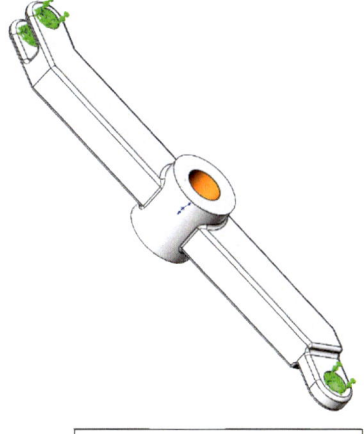

07 열응력 스터디 실행
실행을 클릭하여 해석을 진행한다.

08 변위 플롯 보기
해석 실행이 끝나면 SOLIDWORKS Simuation은 결과 폴더를 자동으로 작성한다.
이 폴더에서는 응력1, 변위1, 변형률1이 포함된다.
변위 플롯 아이콘을 더블 클릭한다.

09 변위 플롯 설정
변위1을 오른쪽 클릭 후 정의 탭으로 자동으로 설정되어 있다. 색상 보이기 란이 체크되어 있지 않으면 파트 색으로 결과가 표현된다.

설정 탭을 선택한다.
경계 표시 옵션을 모델로 전환한다.

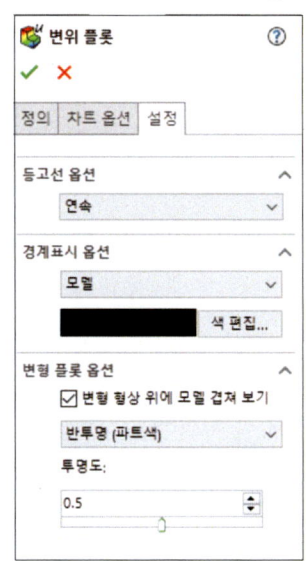

• 미변형 형상을 겹쳐 표시

변형 형상 위에 모델 겹쳐 보기를 선택한다.
미변형 이미지의 투명도를 조정할 수 있다.
반투명(파트색), 투명도를 0.5로 설정한다.

- 차트 수정

차트 옵션을 선택한다.
최대주석표시를 선택하여 마커를 플롯에 표시한다.

확인을 클릭한다.

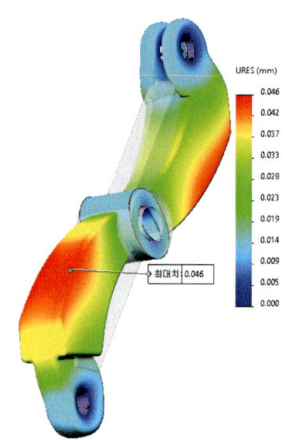

- 변형형상 수정

변형 형상이 과도하므로 사용자 지정을 사용하여 500으로 수정한다.

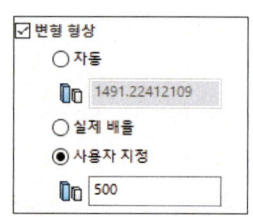

10 변위 플롯 결과

변위 결과는 0.021 mm 임을 확인한다.
고정, 하중 경계 조건을 숨긴다.
변위 플롯을 범례와 근접시킨 후 캡쳐한다.

11 응력 플롯 표시 및 편집

결과 폴더 아래에서 응력1을 두 번 클릭하여 플롯을 표시한다. 형상은 "자동"으로 체크를 확인한다. 정의 탭의 고급옵션에서 중간노드에서 평균 입력을 체크한다.

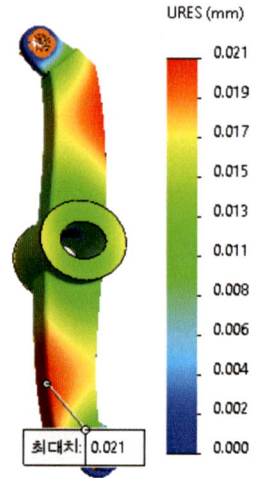

12 차트 수정

응력을 오른쪽 클릭하고 차트 옵션을 선택한다.
최대주석표시를 선택하여 마커를 플롯에 표시한다.
자동으로 정의된 최대값, 최소값을 유지한다.

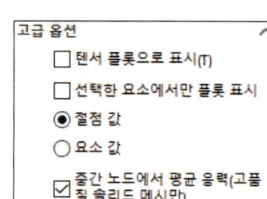

13 응력 결과 확인

변형 형상이 과도하므로, 사용자 지정을 사용하여 변형 형상을 500으로 수정한다.

응력은 40.972 MPa 임을 확인한다.

응력 결과를 범례와 근접하게 한 후 캡처한다.

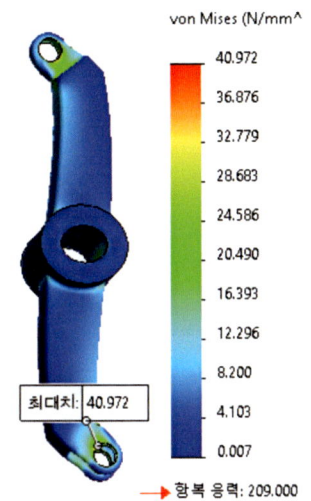

14 안전 계수 플롯 해석

안전 계수 결과 플롯의 범례에서 안전계수 5.101 를 확인한다.

<열응력 해석 : 해석결과 보고서 작성 사항>

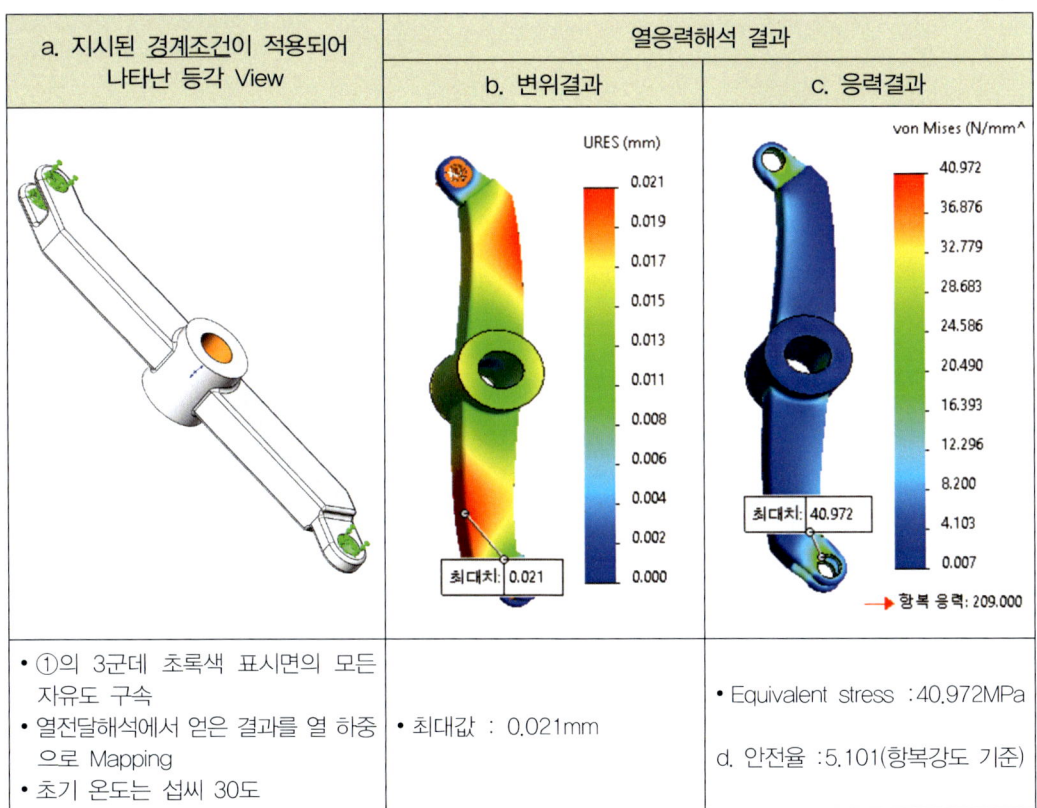

a. 지시된 경계조건이 적용되어 나타난 등각 View	열응력해석 결과	
	b. 변위결과	c. 응력결과
• ①의 3군데 초록색 표시면의 모든 자유도 구속 • 열전달해석에서 얻은 결과를 열 하중으로 Mapping • 초기 온도는 섭씨 30도	• 최대값 : 0.021mm	• Equivalent stress : 40.972MPa d. 안전율 : 5.101(항복강도 기준)

[5과제 - 동적구조해석]

가. 1과제 해석용모델링 과제를 수행하고 만들어진 해석용모델링을 이용하여, 동적구조해석 경계조건(구속조건)을 적용 하여 동적구조해석을 수행하고, 해석결과를 주어진 보고서의 양식에 따라 작성하시오.

나. 보고서를 작성할 때 필요한 그림 캡처는 주어진 모델을 기준으로 결과가 잘 나타날 수 있는 등각 View 로 나타내시오.

다. 모드 해석을 수행하고 그 결과를 보고서 양식에 따라 작성하시오.
   1) 아래 형상과 다음 고려사항을 참조하여 경계조건(구속 조건)을 부여하고 해석을 수행하시오.
     - 동적구조해석에 다음과 같은 경계조건을 부여하시오.
       a. 정적구조해석 결과 Stress를 Pre-Stress 로 적용하여 3차 모드까지 추출
         (경계 조건에 대한 표현은 사용하는 S/W에서 제공하는 기능 이용)
   2) 동적구조해석을 수행하고 그 결과를 보고서 양식에 따라 작성하시오.
     - 모드의 추출 개수 : 1차 모드부터 3차 모드까지 추출함.
       a. 지시된 경계조건이 적용되어 나타난 등각 View
       b. 모드 형상(mode shape)의 등각 View (변형 전 형상/변형 후 형상을 동시에 표시하도록 캡처하여 보고서 Template에 삽입할 것)
       c. 추출된 모드의 주파수

01 파일 불러오기
앞서 진행한 파일을 연다.

02 고유진동수 스터디 작성
고유진동수 해석유형으로 선택하여 동적구조해석 스터디를 작성한다.

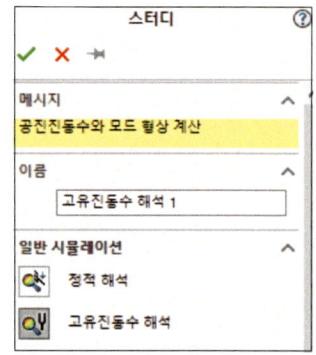

03 스터디속성 설정
동적구조해석 스터디를 오른쪽 클릭하여 속성을 선택한다. 옵션에서 처음 세 개의 고유진동수를 계산하도록 3를 진동수로 입력한다.

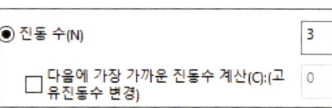

04 재질속성 검토

사용자 재질에서 이미 부여된 속성이 SOLIDWORKS모델에서 자동으로 이전된다.

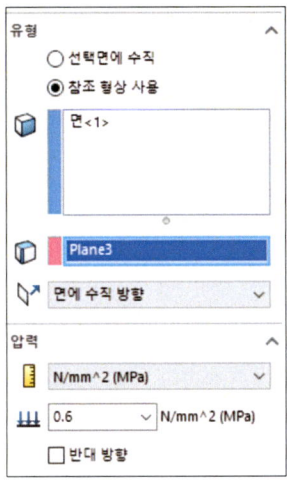

05 구속정의

고정 지오메트리 구속을 초록색 3 Hole 내부면에 적용하고 해당 이미지를 캡쳐한다.

06 압력 방향 정의

압력을 클릭 후에 주황색 면을 선택한다.
참조 형상 사용을 클릭 후에 우측면을 클릭한다.
면에 수직 방향을 선택한다.

• 압력 크기 입력
압력의 크기는 0.3 MPa 를 입력한다.
확인을 클릭한다.

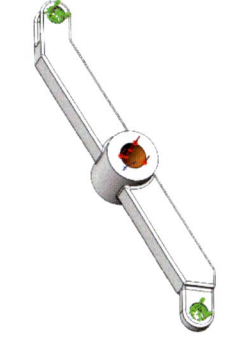

• 참고 : 고유주파수는 외부 하중의 영향을 받지 않는다.

07 메시 작성

정적해석과 동일하게 메시 작성한다.

08 해석 수행

09 고유주파수 확인

결과 폴더를 우측 클릭후에 "공진진동수 표시" 클릭하여 확인한다.

10 모드 옵션 수정 및 결과

변형 플롯 옵션에서 모델 겹쳐보기를 클릭한다.
투명도는 0.6으로 설정한다.
결과 폴더에 작성된 1차 mode shape를 클릭한다.
2차 mode shape를 캡쳐한다.
3차 mode shape를 캡쳐한다.

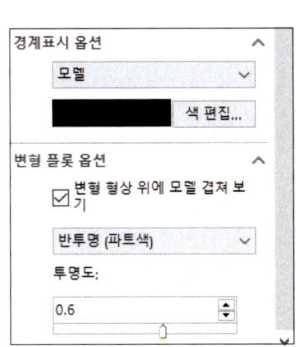

〈동적 구조해석 : 해석결과 보고서 작성 사항〉

a. 지시된 경계조건이 적용되어 나타난 등각 View	동적 구조해석 결과
	b. MODE SHAPE(1~3차모드)
(이미지)	(이미지)
• ①의 3군데 초록색 표시면의 모든 자유도 구속 • 정적구조해석에서 얻은 결과를 Pre-stress 로 적용	c. 고유 주파수 : 1st : 1028.1Hz 2nd : 1325.6Hz 3rd : 2482.3Hz

03 [과정평가] 기계설계기사 예제 3

[1과제 - 정적 구조 해석 유한요소모델]

가. 주어진 3D CAD 데이터(Step 파일 또는 Parasolid 파일)를 이용하 여 정적구조해석을 위한 유한요소모델을 생성하고 요소모델의 정 보를 제공된 보고서 양식에 따라 작성하시오.
   ※ CAD 모델(Step 파일 또는 Parasolid 파일 제공)

나. 제출보고서에는 주어진 모델을 기준으로 결과를 가장 잘 표현할 수 있는 등각 view로 나타내시오.

다. 구조해석을 위한 유한요소모델은 다음과 같이 생성하시오.
   1) 해석모델에서 해석 과정에 영향을 미치지 않는 0.5mm 이하의 Chamfer, Fillet 및 지름 1mm 이하의 Hole 형상을 제거하고 해석 모델의 메쉬(Mesh)를 생성하시오.
      - 기본 Mesh size는 2mm로 설정하고, Fillet 및 Hole 등 응력 집중이 예상되는 곳에는 Mesh 품질을 적절하게 작업할 것
      - 10절점 4면체요소 고차 요소(10-Noded 3D Tetrahedral Element) 를 사용할 것.
      - 재질은 다음 재료 물성표를 이용하여 해석에 필요한 정보를 직접 입력하시오.

Material Properties	Steel
Mass Density (RHO)	2.67×10^3 (kg/m^3)
Young's Modulus (E)	7×10^{10} N/m^2
Poisson's Ratio (NU)	0.33
Yield Strength	2.29×10^8 N/m^2
Tensile Strength	2.1+e10 N/m^2
Thermal expansion coefficient	0.000013 /K
Thermal conductivity	110 W/(m*K)
Material temperature	섭씨 20도

2) 해석용 모델링을 수행하고 그 결과를 보고서 양식에 따라 작성하시오.
   - 해석용 모델링 작업 보고서 작성 사항
      a. 원형 모델 등각 View
      b. 해석 간소화 모델 등각 View
      c. 유한요소모델 등각 View
      d. Node(절점) 개수
      e. Element(요소) 개수
      f. 사용 소프트웨어 이름
      ※ 유한요소모델은 메시(Mesh) 형상이 나타나야 함

[2과제 - 정적구조해석]

가. 1과제 해석용모델링 과제를 수행하고 만들어진 해석용모델링을 이용하여, 정적구조해석 경계조건(하중조건, 구속조건)을 적용 하여 정적구조해석을 수행하고, 해석결과를 주어진 보고서의 양 식에 따라 작성하시오.

나. 보고서를 작성할 때 필요한 그림 캡처는 주어진 모델을 기준으로 결과가 잘 나타날 수 있는 등각 View로 나타내시오.

다. 각종 결과값은 지시한 단위를 기준으로 소수점 이하 3자리까지 쓰시오.
   1) 아래 형상과 다음 고려사항을 참조하여 경계조건 (하중조건, 구속 조건)을 부여하고 해석을 수행하시오.
      - 정적구조해석에 다음과 같은 경계조건을 부여하시오.
         a. ①의 4군데 초록색 Hole 내부 면의 모든 자유도 구속
         b. ②의 Hole 주황색 면 Z(-)방향 하중 500 N 적용
         c. 해석 대상의 자중은 무시
   2) 정적구조해석을 수행하고 그 결과를 보고서 양식에 따라 작성하시오.
      - 해석 결과 보고서 작성 사항
         a. 지시된 경계조건이 적용되어 나타난 등각 View (경계조건에 대한 표현은 사용하는 S/W에서 제공하는 기능 이용)
            - 경계조건 항목 리스트(적용한 경계조건을 간략하게 명시)
         b. 변형량의 최대값과 그 방향 및 크기를 확인할 수 있는 View (변형 전 형상/변형 후 형상을 동시에 표시하도록 캡처하여 보고서 Template에 삽입하고, 변형량 값이 표시된 범례를 포함시킬 것)
         c. 응력표시는 Nodal 값의 평균값을 사용하여 발생하는 von-Mises Stress의 최대값과 그 위치 및 크기를 알 수 있는 View(발생 응력의 최대값이 위치 한 곳을 확인할 수 있는 형상을 캡처하여 보고서에 삽입하고 응력 값이 표시된 범례를 포함시킬 것)
         d. 항복강도를 기준으로 한 안전율(Safety Factor)

01 고정 구속 조건 정의

1과제를 진행한 예제3 파일을 블러오고, 구속을 클릭한다.
표준 탭을 확장하고 고정 지오메트리를 클릭하고, 4EA면을 선택하여 구
속 조건을 정의한다.
확인을 클릭한다.

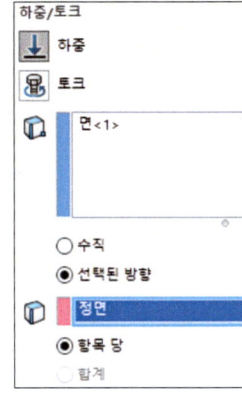

02 하중 정의

하중을 클릭 후에 중안 주황색 1EA 면을 선택한다.
선택된 방향에 정면을 선택한다.
하중의 크기는 면에 수직방향 500 N 을 입력한다.
확인을 클릭한다.

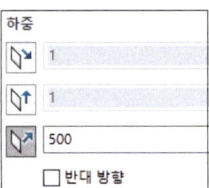

03 평균 응력 체크

스터디명 우클릭후에 속성을 클릭한다.
옵션의 '중간노드에서 평균 응력'을 체크한다.

04 해석 실행

시뮬레이션 탭의 "이 스터디 실행" 아이콘을 클릭한다.
최대 응력이 발생한 지점을 확인한다.

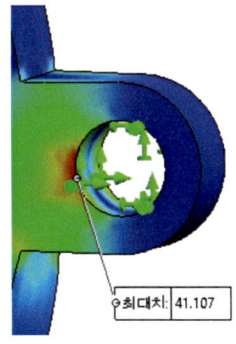

05 미세 메시 적용

최대 응력이 발생한 면 4EA에 미세 메시를 1.2mm를 적용한다.

06 스터디 실행

07 변위 플롯 결과 확인

변위는 최대 총 변위 0.059 mm 이다.

08 응력 결과 확인

응력은 56.853 MPa 임을 확인한다.

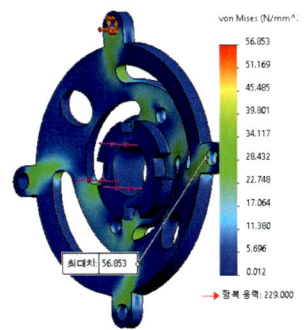

09 안전 계수 플롯 해석

<1과제 - 유한요소 모델 작업 사항>

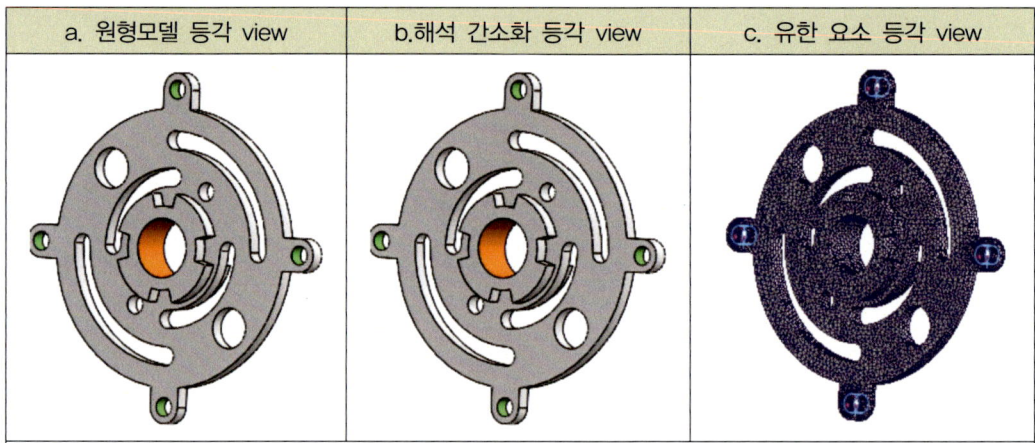

d. Node(절점) 개수 : 122733
e. Element(요소) 개수 : 77991
f. 사용 S/W 명 : SOLIDWORKS Simulation

<2과제 - 정적구조해석 결과>

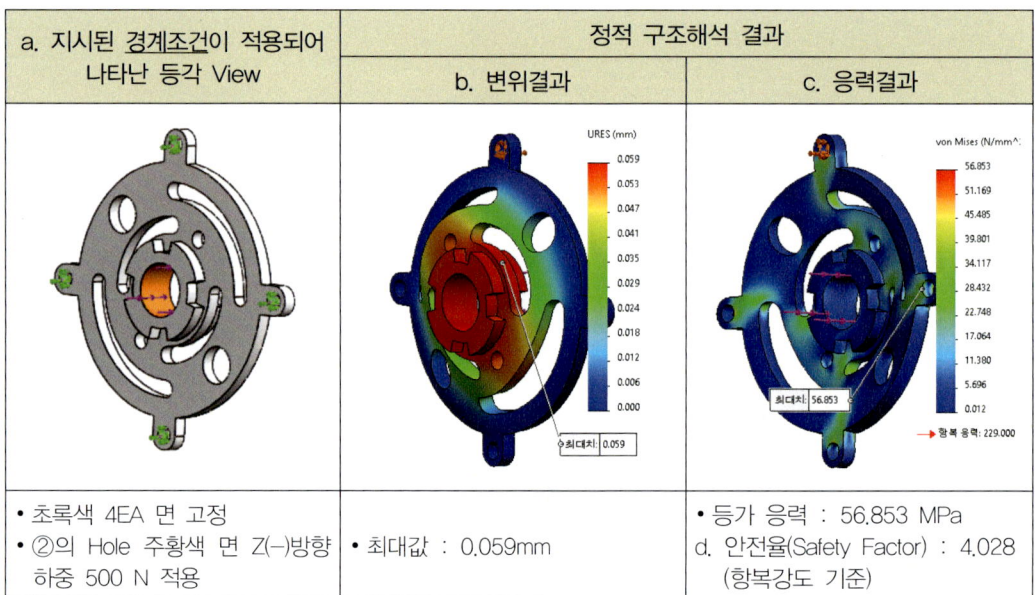

- 초록색 4EA 면 고정
- ②의 Hole 주황색 면 Z(-)방향 하중 500 N 적용
- 최대값 : 0.059mm
- 등가 응력 : 56.853 MPa
d. 안전율(Safety Factor) : 4.028 (항복강도 기준)

[3과제 - 열전달해석]

가. 1과제 해석용모델링 과제를 수행하고 만들어진 해석용모델링을 이용하여, 열전달해석 열하중 조건을 적용 하여 열전달해석을 수행하고, 해석결과를 주어진 보고서의 양 식에 따라 작성하시오.

나. 보고서를 작성할 때 필요한 그림 캡처는 주어진 모델을 기준으로 결과가 잘 나타날 수 있는 등각 View 로 나타내시오.

다. 각종 결과값은 지시한 단위를 기준으로 소수점 이하 3자리까지 쓰시오.
   1) 아래 형상과 다음 고려사항을 참조하여 열하중 조건을 부여하고 해석을 수행하시오.
      - 열전달해석에 다음과 같은 열하중조건을 부여하시오.
         a. ①의 초록색 표기면 4군데 Hole 내부면 온도 30℃ 정상상태 적용
         b. ②의 주황색 표기면 1군데 Hole 내부면 온도 70℃ 정상상태 적용
         c. ①과 ②의 5군데 Hole을 제외한 모든 표면에 대류 경계 조건 적용
            - 외부의 주변온도 20℃
            - 대류열전달계수 60W/(m2·℃)
   2) 열전달해석을 수행하고 그 결과를 보고서 양식에 따라 작성하 시오.
      - 해석 결과 보고서 작성 사항
         a. 지시된 경계조건이 적용되어 나타난 등각 View
            (경계조건에 대한 표현은 사용하는 S/W에서 제공하는 기능 이용)
            - 경계조건 항목 리스트(적용한 경계조건을 간략하게 명시)
         b. 온도분포의 최대값과 최소값을 크기를 확인할 수 있는 View
            - 온도분포의 최소값과 최대값의 리스트

〈열전달 해석 : 해석결과 보고서 작성 사항〉

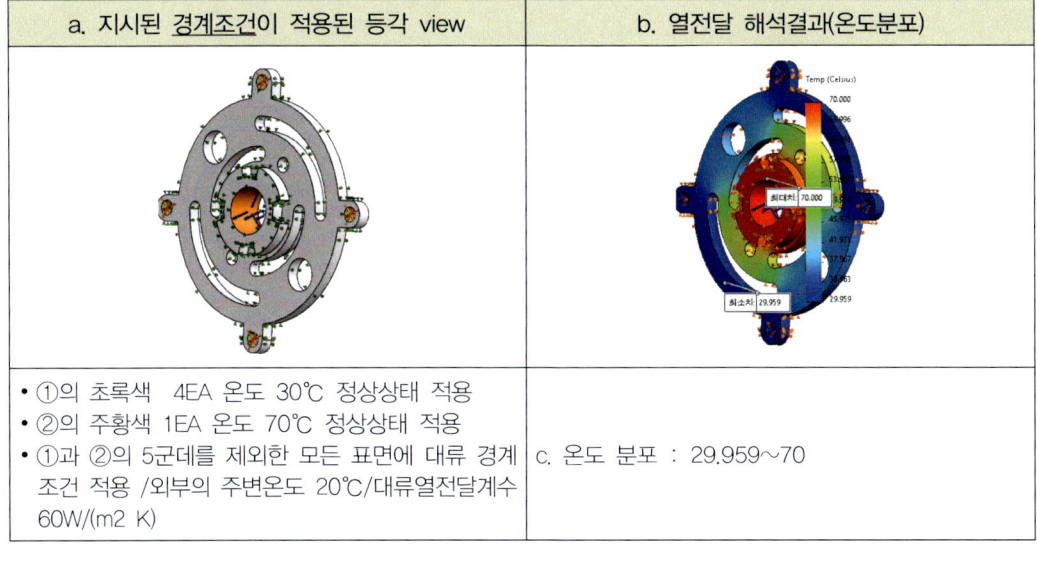

[4과제 - 열응력해석]

가. 3과제 열전달 과제를 수행하고 만들어진 열전달해석 결과를 이용하여, 열하중 조건을 적용하고, 구속 조건을 적용하여 열응력해석을 수행하고, 해석결과를 주어진 보고서의 양 식에 따라 작성하시오.

나. 보고서를 작성할 때 필요한 그림 캡처는 주어진 모델을 기준으로 결과가 잘 나타날 수 있는 등각 View 로 나타내시오.

다. 각종 결과값은 지시한 단위를 기준으로 소수점 이하 3자리까지 쓰시오.
  1) 아래 형상과 다음 고려사항을 참조하여 경계조건(하중조건, 구속 조건)을 부여하고 해석을 수행하시오.
    - 열응력해석에 다음과 같은 경계조건을 부여하시오.
      a. ①의 4군데 초록색 Hole 내부 면의 모든 자유도 구속
      b. 열전달해석에서 얻은 결과를 열 하중으로 Mapping
      c. 해석 대상의 자중은 무시
  2) 열응력해석을 수행하고 그 결과를 보고서 양식에 따라 작성하시오.
    - 해석 결과 보고서 작성 사항
      a. 지시된 경계조건이 적용되어 나타난 등각 View
        (경계조건에 대한 표현은 사용하는 S/W에서 제공하는 기능 이용)
        - 경계조건 항목 리스트(적용한 경계조건을 간략하게 명시)
      b. 변형량의 최대값과 그 방향 및 크기를 확인할 수 있는 View (변형 전 형상/변형 후 형상을 동시에 표시하도록 캡처하여 보고서 Template에 삽입하고, 변형량 값이 표시된 범례를 포함시킬 것)
      c. 응력표시는 Nodal 값의 평균값을 사용하여 발생하는 von-Mises Stress의 최대값과 그 위치 및 크기를 알 수 있는 View(발생 응력의 최대값이 위치 한 곳을 확인할 수 있는 형상을 캡처하여 보고서에 삽입하고 응력 값이 표시된 범례를 포함시킬 것)
      d. 항복강도를 기준으로 한 안전율(Safety Factor)

<열응력 해석 : 해석결과 보고서 작성 사항>

a. 지시된 경계조건이 적용되어 나타난 등각 View	열응력해석 결과	
	b. 변위결과	c. 응력결과
• 초록색 4EA 면 고정	• 최대값 : 0.021mm	• Equivalent stress : 76.467MPa d. 안전율 : 2.995(항복강도 기준)

[5과제 - 동적구조해석]

가. 1과제 해석용모델링 과제를 수행하고 만들어진 해석용모델링을 이용하여, 동적구조해석 경계조건(구속조건)을 적용 하여 동적구조해석을 수행하고, 해석결과를 주어진 보고서의 양식에 따라 작성하시오.

나. 보고서를 작성할 때 필요한 그림 캡처는 주어진 모델을 기준으로 결과가 잘 나타날 수 있는 등각 View로 나타내시오.

다. 모드 해석을 수행하고 그 결과를 보고서 양식에 따라 작성하시오.
  1) 아래 형상에 해석을 동적 구조해석을 수행하시오.
  2) 동적구조해석을 수행하고 그 결과를 보고서 양식에 따라 작성하시오.
    - 모드의 추출개수 : 1차 모드부터 3차 모드까지 추출함.
      a. 지시된 경계조건이 적용되어 나타난 등각 View
      b. 모드형상(mode shape)의 등각 View (변형 전 형상/변형 후 형상을 동시에 표시하도록 캡처하여 보고서 Template에 삽입)
      c. 추출된 모드의 주파수

01 파일 불러오기

[예제3] 파일을 불러온다.

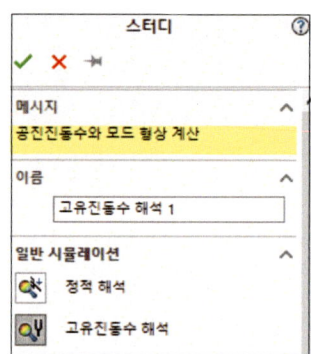

02 고유진동수 스터디 작성

고유진동수 해석유형으로 선택하여 [고유진동수해석1] 스터디를 작성한다.

03 스터디 속성 설정

동적구조해석 스터디를 오른쪽 클릭하여 속성을 선택한다. 옵션에서 처음 세 개의 고유진동수를 계산하도록 9를 진동수로 입력한다.

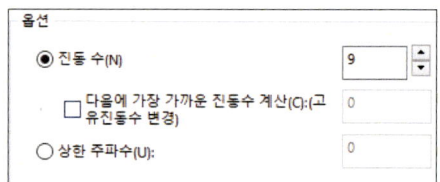

- 지지 조건이 없으므로 7,8,9를 1차,2차,3차로 지정한다.

04 메시 작성

정적구조해석 스터디 탭의 메시 정보를 우 클릭 후 복사한다.

05 해석 수행

06 고유주파수 확인

결과 폴더를 우측 클릭후에 "공진진동수 표시" 클릭하여 확인한다.

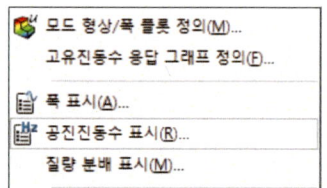

07 7,8,9차 mode shape를 캡처한다.

7차 모드는 1차 모드로 8차 모드는 2차 모드로 9차 모드는 3차 모드로 진행한다.

모드 번호	고유진동수 해석(라디안/초)	고유진동수 해석(Hz)
1	0	0
2	0	0
3	0	0
4	0.0057659	0.00091767
5	0.0082867	0.0013189
6	0.0083814	0.0013339
7	13,552	2,156.8
8	13,830	2,201.1
9	14,786	2,353.3

〈동적 구조해석 : 해석결과 보고서 작성 사항〉

a. 지시된 경계조건이 적용되어 나타난 등각 View	동적 구조해석 결과
	b. MODE SHAPE(1~3차모드)
• 지지 조건 없음	c. 고유 주파수 : 1st : 2156.8 Hz 2nd : 2201.1 Hz 3rd : 2353.3 Hz

04 [과정평가] 기계설계기사 연습 1

[1과제 - 정적 구조 해석 유한요소모델]

가. 주어진 3D CAD 데이터(Step 파일 또는 Parasolid 파일)를 이용하여 정적구조해석을 위한 유한요소모델을 생성하고 요소모델의 정 보를 제공된 보고서 양식에 따라 작성하시오.

  ※ CAD 모델(Step 파일 또는 Parasolid 파일 제공)

나. 제출보고서에는 주어진 모델을 기준으로 결과를 가장 잘 표현할 수 있는 등각 view로 나타내시오. 다. 구조해석을 위한 유한요소모델은 다음과 같이 생성하시오.

  1) 해석모델에서 해석과정에 영향을 미치지 않는 1mm 이하의 Chamfer, Fillet 및 지름 1mm 이하의 Hole 형상을 제거하고 해석모델의 메쉬(Mesh)를 생성하시오.
    - 기본 Mesh size는 2mm로 설정하고, Fillet 및 Hole 등 응력집중이 예상되는 곳에는 Mesh 품질을 적절하게 작업할 것
    - 10절점 4면체요소 고차요소(10-Noded 3D Tetrahedral Element) 를 사용할 것.
    - 재질은 다음 재료 물성표를 이용하여 해석에 필요한 정보를 직접 입력하시오.

Material Properties	Aluminum
Mass Density (RHO)	7.9×10^{-6} (kg/mm3)
Young's Modulus (E)	190 GPa
Poisson's Ratio (NU)	0.3
Yield Strength	276 MPa
Tensile Strength	5.72+e8 N/m^2
Thermal expansion coefficient	1.66 e-05 /K
Thermal conductivity	16.3 W/(m*C)
Material temperature	섭씨 80도

  2) 해석용 모델링을 수행하고 그 결과를 보고서 양식에 따라 작성하시오.
    - 해석용 모델링 작업 보고서 작성 사항
      a. 원형 모델 등각 View

b. 해석 간소화 모델 등각 View

c. 유한요소모델 등각 View

d. Node(절점) 개수

e. Element(요소) 개수

f. 사용 소프트웨어 이름

※ 유한요소모델은 메시(Mesh) 형상이 나타나야 함

[2과제 - 정적구조해석]

가. 1과제 해석용모델링 과제를 수행하고 만들어진 해석용모델링을 이용하여, 정적구조해석 경계조건(하중조건, 구속조건)을 적용 하여 정적구조해석을 수행하고, 해석결과를 주어진 보고서의 양 식에 따라 작성하시오.

나. 보고서를 작성할 때 필요한 그림 캡처는 주어진 모델을 기준으로 결과가 잘 나타날 수 있는 등각 View 로 나타내시오.

다. 각종 결과값은 지시한 단위를 기준으로 소수점 이하 3자리까지 쓰시오.
  1) 아래 형상과 다음 고려사항을 참조하여 경계조건(하중조건, 구속 조건)을 부여하고 해석을 수행하시오.
    - 정적구조해석에 다음과 같은 경계조건을 부여하시오.
      a. ①의 2군데 (초록색 면, 노란색 Hole 내부면) 의 모든 자유도 구속
      b. ②의 주황색 압력 25 MPa 적용
      c. 해석 대상의 자중은 무시
  2) 정적구조해석을 수행하고 그 결과를 보고서 양식에 따라 작성하 시오.
    - 해석 결과 보고서 작성 사항
      a. 지시된 경계조건이 적용되어 나타난 등각 View (경계조건에 대한 표현은 사용하는 S/W에서 제공하는 기능 이용)
        - 경계조건 항목 리스트(적용한 경계조건을 간략하게 명시)
      b. 변형량의 최대값과 그 방향 및 크기를 확인할 수 있는 View (변형 전 형상/변형 후 형상을 동시에 표시하도록 캡처하여 보고서 Template에 삽입하고, 변형량 값이 표시된 범례를 포함시킬 것)
      c. 응력표시는 Nodal 값의 평균값을 사용하여 발생하는 von-Mises Stress의 최대값과 그 위치 및 크기를 알 수 있는 View(발생 응력의 최대값이 위치 한 곳을 확인할 수 있는 형상을 캡처하여 보고서에 삽입하고 응력 값이 표시된 범례를 포함시킬 것)
      d. 항복강도를 기준으로 한 안전율(Safety Factor)

<1과제 - 유한요소 모델 작업 사항>

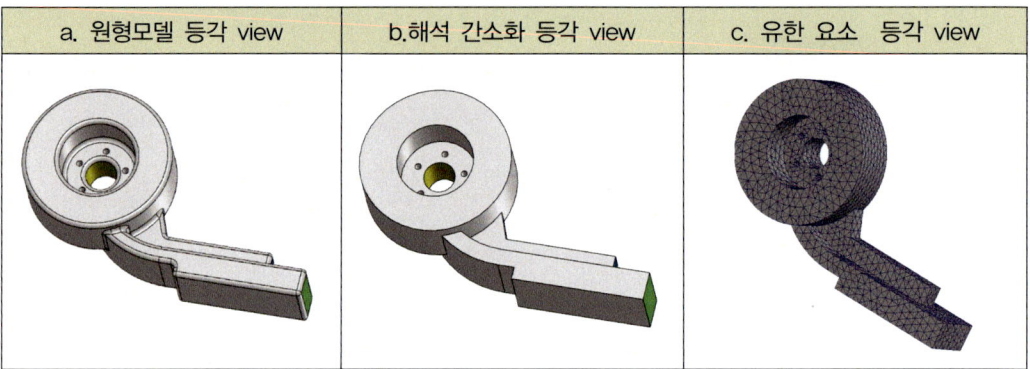

d. Node(절점) 개수 : 34194
e. Element(요소) 개수 : 21562
f. 사용 S/W 명 : SOLIDWORKS Simulation

<2과제 - 정적구조해석 결과>

a. 지시된 경계조건이 적용되어 나타난 등각 View	정적 구조해석 결과	
	b. 변위결과	c. 응력결과
① 의 2군데 (초록색 면, 노란색 Hole 내부면) 의 모든 자유도 구속 ② 의 주황색 압력 25 MPa 적용	최대값 : 0.015mm	등가응력 : 127.731 MPa d. 안전율: 2.161(항복강도 기준)

[3과제 - 열전달해석]

가. 1과제 해석용모델링 과제를 수행하고 만들어진 해석용모델링을 이용하여, 열전달해석 열하중 조건을 적용 하여 열전달해석을 수행하고, 해석결과를 주어진 보고서의 양 식에 따라 작성하시오.

나. 보고서를 작성할 때 필요한 그림 캡처는 주어진 모델을 기준으로 결과가 잘 나타날 수 있는 등각 View 로 나타내시오.

다. 각종 결과값은 지시한 단위를 기준으로 소수점 이하 3자리까지 쓰시오.

1) 아래 형상과 다음 고려사항을 참조하여 열하중 조건을 부여하고 해석을 수행하시오.
   - 열전달 해석에 다음과 같은 열하중조건을 부여하시오.
     a. ①의 2군데 면(노란색, 파란색) 온도 80℃ 정상상태 적용
     b. ②의 초록색면 1군데 온도 40℃ 정상상태 적용
     c. ①과 ②의 3군데 Hole을 제외한 모든 표면에 대류 경계 조건 적용
        - 외부의 주변온도 25℃
        - 대류열전달계수 10W/(m2·℃)
2) 열전달 해석을 수행하고 그 결과를 보고서 양식에 따라 작성하 시오.
   - 해석 결과 보고서 작성 사항
     a. 지시된 경계조건이 적용되어 나타난 등각 View
        (경계 조건에 대한 표현은 사용하는 S/W에서 제공하는 기능 이용)
        - 경계조건 항목 리스트(적용한 경계조건을 간략하게 명시)
     b. 온도 분포의 최대값과 최소값을 크기를 확인할 수 있는 View
     - 온도 분포의 최소값과 최대값의

〈열전달 해석 : 해석결과 보고서 작성 사항〉

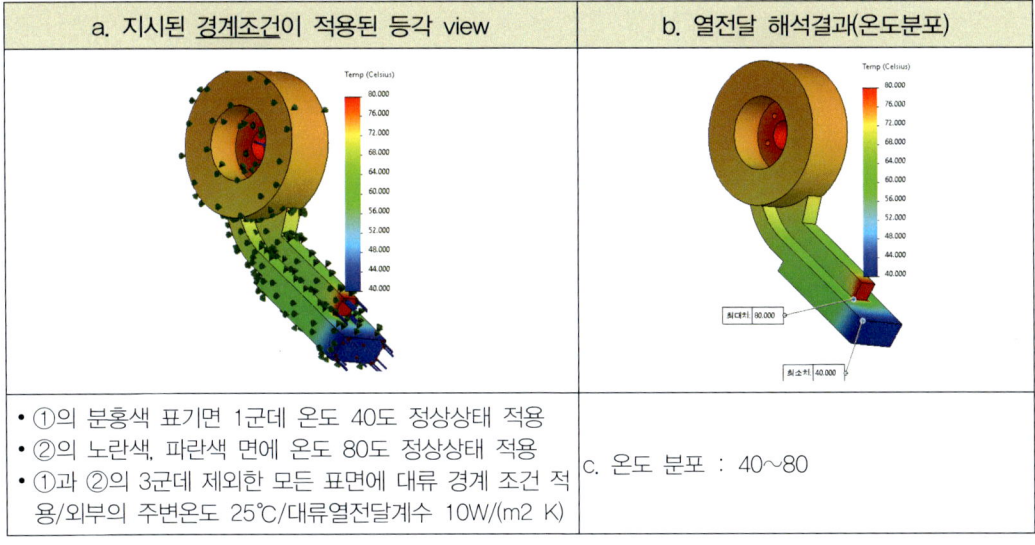

a. 지시된 <u>경계조건</u>이 적용된 등각 view	b. 열전달 해석결과(온도분포)
• ①의 분홍색 표기면 1군데 온도 40도 정상상태 적용 • ②의 노란색, 파란색 면에 온도 80도 정상상태 적용 • ①과 ②의 3군데 제외한 모든 표면에 대류 경계 조건 적용/외부의 주변온도 25℃/대류열전달계수 10W/(m2 K)	c. 온도 분포 : 40~80

[4과제 - 열응력해석]

가. 3과제 열전달 과제를 수행하고 만들어진 열전달해석 결과를 이용하여, 열하중 조건을 적용하고, 구속 조건을 적용하여 열응력해석을 수행하고, 해석결과를 주어진 보고서의 양식에 따라 작성하시오.

나. 보고서를 작성할 때 필요한 그림 캡처는 주어진 모델을 기준으로 결과가 잘 나타날 수 있는 등각 View 로 나타내시오.

다. 각종 결과값은 지시한 단위를 기준으로 소수점 이하 3자리까지 쓰시오.
  1) 아래 형상과 다음 고려사항을 참조하여 경계조건(하중조건, 구속 조건)을 부여하고 해석을 수행하시오.
    - 열응력해석에 다음과 같은 경계조건을 부여하시오.
      a. ①의 2군데 면(노란색, 파란색) 모든 자유도 구속
      b. 열전달해석에서 얻은 결과를 열 하중으로 Mapping
      c. 해석 대상의 자중은 무시
  2) 열응력해석을 수행하고 그 결과를 보고서 양식에 따라 작성하시오.
    - 해석 결과 보고서 작성 사항
      a. 지시된 경계조건이 적용되어 나타난 등각 View
         (경계조건에 대한 표현은 사용하는 S/W에서 제공하는 기능 이용)
         - 경계조건 항목 리스트(적용한 경계조건을 간략하게 명시)
      b. 변형량의 최대값과 그 방향 및 크기를 확인할 수 있는 View (변형 전 형상/변형 후 형상을 동시에 표시하도록 캡처하여 보고서 Template에 삽입하고, 변형량 값이 표시된 범례를 포함시킬 것)
      c. 응력표시는 Nodal 값의 평균값을 사용하여 발생하는 von-Mises Stress의 최대값과 그 위치 및 크기를 알 수 있는 View(발생 응력의 최대값이 위치 한 곳을 확인할 수 있는 형상을 캡처하여 보고서에 삽입하고 응력 값이 표시된 범례를 포함시킬 것)
      d. 항복강도를 기준으로 한 안전율(Safety Factor)

〈열응력 해석 : 해석결과 보고서 작성 사항〉

a. 지시된 경계조건이 적용되어 나타난 등각 View	열응력해석 결과	
	b. 변위결과	c. 응력결과
• ①의 2군데 면(노란색, 파란색) 모든 자유도 구속 • 열전달해석에서 얻은 결과를 열 하중으로 Mapping • 초기 온도는 섭씨 80도	• 최대값 : 0.012mm	• 등가 응력 : 118.585 MPa d. 안전율 : 3.085(항복강도 기준)

[5과제 - 동적구조해석]

가. 1과제 해석용모델링 과제를 수행하고 만들어진 해석용모델링을 이용하여, 동적구조해석 경계조건(구속조건)을 적용 하여 동적구조해석을 수행하고, 해석결과를 주어진 보고서의 양식에 따라 작성하시오.

나. 보고서를 작성할 때 필요한 그림 캡처는 주어진 모델을 기준으로 결과가 잘 나타날 수 있는 등각 View로 나타내시오.

다. 모드 해석을 수행하고 그 결과를 보고서 양식에 따라 작성하시오.
    1) 아래의 조건에 따라 동적 구조해석을 수행하시오.
       - 1군데 초록색 면의 모든 자유도 구속
       - 경계 조건에 대한 표현은 사용하는 S/W에서 제공하는 기능 이용
    2) 동적구조해석을 수행하고 그 결과를 보고서 양식에 따라 작성하 시오.
       - 모드의 추출개수 : 1차 모드부터 3차 모드까지 추출함
         a. 지시된 경계조건이 적용되어 나타난 등각 View
         b. 모드형상(mode shape)의 등각 View View (변형 전 형상/변형 후 형상을 동시에 표시하도록 캡처하여 보고서 Template에 삽입)
         c. 추출된 모드의 주파수

〈동적 구조해석 : 해석결과 보고서 작성 사항〉

a. 지시된 <u>경계조건이</u> 적용되어 나타난 등각 View	동적 구조해석 결과
	b. MODE SHAPE(1~3차모드)
• ①의 군데 초록색 표시면의 모든 자유도 구속	c. 고유 주파수 : 1st : 581.82 Hz 2nd : 788.87Hz 3rd : 2398.7 Hz

05 [과정평가] 기계설계기사 연습 2

[1과제 - 정적 구조 해석 유한요소모델]

가. 주어진 3D CAD 데이터(Step 파일 또는 Parasolid 파일)를 이용하 여 정적구조해석을 위한 유한요소 모델을 생성하고 요소모델의 정 보를 제공된 보고서 양식에 따라 작성하시오.
　※ CAD 모델(Step 파일 또는 Parasolid 파일 제공)

나. 제출보고서에는 주어진 모델을 기준으로 결과를 가장 잘 표현할 수 있는 등각 view로 나타내시오.

다. 구조해석을 위한 유한요소모델은 다음과 같이 생성하시오.
　1) 해석모델에서 해석 과정에 영향을 미치지 않는 0.5mm 이하의 Chamfer, Fillet 및 지름 1mm 이하의 Hole 형상을 제거하고 해석 모델의 메쉬(Mesh)를 생성하시오.
　　- 기본 Mesh size는 2mm로 설정하고, Fillet 및 Hole 등 응력 집중이 예상되는 곳에는 Mesh 품질을 적절하게 작업할 것
　　- 10절점 4면체요소 고차 요소(10-Noded 3D Tetrahedral Element) 를 사용할 것.
　　- 재질은 다음 재료 물성표를 이용하여 해석에 필요한 정보를 직접 입력하시오.

Material Properties	Steel
Mass Density (RHO)	$2.57 \times 10{-}6$ (kg/mm3)
Young's Modulus (E)	50 GPa
Poisson's Ratio (NU)	0.28
Yield Strength	256 MPa
Tensile Strength	2.9+e11　　N/m^2
Thermal expansion coefficient	2.5 e−05　　/K
Thermal conductivity	117　　W/(m*K)
Material temperature	섭씨 30도

　2) 해석용 모델링을 수행하고 그 결과를 보고서 양식에 따라 작성하시오.
　　- 해석용 모델링 작업 보고서 작성 사항

a. 원형 모델 등각 View
b. 해석 간소화 모델 등각 View
c. 유한요소모델 등각 View
d. Node(절점) 개수
e. Element(요소) 개수
f. 사용 소프트웨어 이름
※ 유한요소모델은 메시(Mesh) 형상이 나타나야 함.

[2과제 - 정적구조해석 해석 결과]

가. 1과제 해석용모델링 과제를 수행하고 만들어진 해석용모델링을 이용하여, 정적구조해석 경계조건(하중조건, 구속조건)을 적용 하여 정적구조해석을 수행하고, 해석결과를 주어진 보고서의 양 식에 따라 작성하시오.

나. 보고서를 작성할 때 필요한 그림 캡처는 주어진 모델을 기준으로 결과가 잘 나타날 수 있는 등각 View로 나타내시오.

다. 각종 결과값은 지시한 단위를 기준으로 소수점 이하 3자리까지 쓰시오.
  1) 아래 형상과 다음 고려사항을 참조하여 경계조건(하중 조건, 구속 조건)을 부여하고 해석을 수행하시오.
     - 정적구조해석에 다음과 같은 경계조건을 부여하시오.
       a. ①의 3군데 초록색 Hole 내부 면의 모든 자유도 구속
       b. ②의 1군데 주황색 표시면 Z축 (+) 방향 외압 50000 Pa 적용
       c. 해석 대상의 자중은 무시
  2) 정적구조해석을 수행하고 그 결과를 보고서 양식에 따라 작성하시오.
     - 해석 결과 보고서 작성 사항
       a. 지시된 경계조건이 적용되어 나타난 등각 View (경계 조건에 대한 표현은 사용하는 S/W에서 제공하는 기능 이용)
         - 경계조건 항목 리스트 (적용한 경계조건을 간략하게 명시)
       b. 변형 량의 최대값과 그 방향 및 크기를 확인할 수 있는 View (변형 전 형상/변형 후 형상을 동시에 표시하도록 캡처하여 보고서 Template에 삽입하고, 변형 량 값이 표시된 범례를 포함시킬 것)
       c. 응력 표시는 Nodal 값의 평균값을 사용하여 발생하는 von-Mises Stress의 최대값과 그 위치 및 크기를 알 수 있는 View (발생 응력의 최대값이 위치 한 곳을 확인할 수 있는 형상을 캡처하여 보고서에 삽입하고 응력 값이 표시된 범례를 포함시킬 것)
       d. 항복 강도를 기준으로 한 안전 율(Safety Factor)

<1과제 - 유한요소 모델 작업 사항>

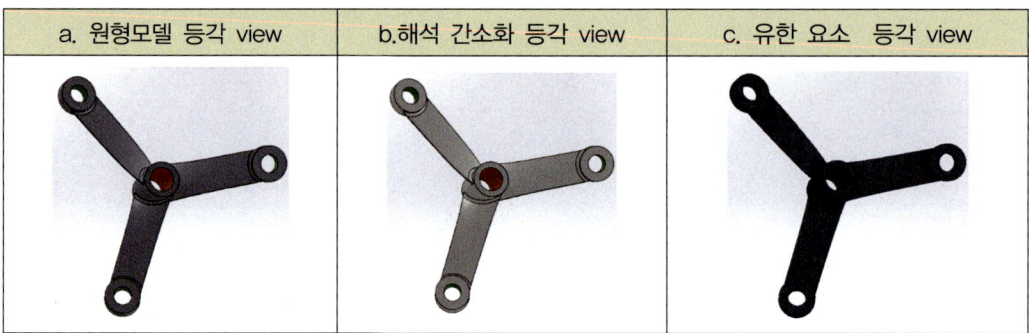

a. 원형모델 등각 view	b. 해석 간소화 등각 view	c. 유한 요소 등각 view

d. Node(절점) 개수 : 53668
e. Element(요소) 개수 : 32193
f. 사용 S/W 명 : SOLIDWORKS Simulation

<2과제 - 정적구조해석 결과>

| a. 지시된 <u>경계조건이</u> 적용되어 나타난 등각 View | 정적 구조해석 결과 | |
	b. 변위결과	c. 응력결과
	최대값 : 1.59mm	Equivalent stress : 112.119 MPa d. 안전율(Safety Factor) : 2.283 (항복강도 기준)

- ①의 3군데 초록색 Hole 내부 면의 모든 자유도 구속
- ②의 1군데 분홍색 표시면 XY 방향 외압 1.5 MPa 적용

[3과제 - 열전달해석]

가. 1과제 해석용모델링 과제를 수행하고 만들어진 해석용모델링을 이용하여, 열 전달 해석 열 하중 조건을 적용 하여 열전달해석을 수행하고, 해석결과를 주어진 보고서의 양 식에 따라 작성하시오.

나. 보고서를 작성할 때 필요한 그림 캡처는 주어진 모델을 기준으로 결과가 잘 나타날 수 있는 등각 View 로 나타내시오.

다. 각종 결과값은 지시한 단위를 기준으로 소수점 이하 3자리까지 쓰시오.
  1) 아래 형상과 다음 고려사항을 참조하여 열 하중 조건을 부여하고 해석을 수행하시오.
    - 열전달해석에 다음과 같은 열하중조건을 부여하시오.
      a. ①의 초록색 표기면 3군데 Hole 내부면 온도 50℃ 정상상태 적용
      b. ②의 주황색 표기면 1군데 Hole 내부면 온도 70℃ 정상상태 적용
      c. ①과 ②의 4군데 Hole을 제외한 모든 표면에 대류 경계 조건 적용
        - 외부의 주변온도 20℃
        - 대류열전달계수 15W/(m2·℃)
  2) 열전달해석을 수행하고 그 결과를 보고서 양식에 따라 작성하시오.
    - 해석 결과 보고서 작성 사항
      a. 지시된 경계조건이 적용되어 나타난 등각 View
        (경계조건에 대한 표현은 사용하는 S/W에서 제공하는 기능 이용)
        - 경계조건 항목 리스트(적용한 경계조건을 간략하게 명시)
      b. 온도분포의 최대값과 최소값을 크기를 확인할 수 있는 View
    - 온도분포의 최소값과 최대값의 리스트

〈열전달 해석 : 해석결과 보고서 작성 사항〉

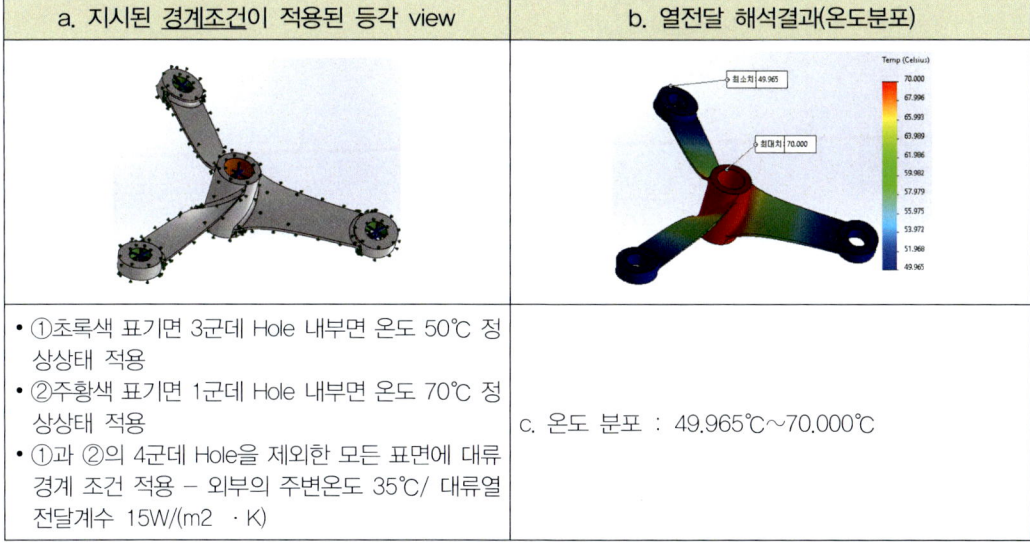

[4과제 - 열응력해석]

가. 3과제 열전달 과제를 수행하고 만들어진 열전달해석 결과를 이용하여, 열하중 조건을 적용하고, 구속 조건을 적용하여 열응력해석을 수행하고, 해석결과를 주어진 보고서의 양식에 따라 작성하시오.

나. 보고서를 작성할 때 필요한 그림 캡처는 주어진 모델을 기준으로 결과가 잘 나타날 수 있는 등각 View 로 나타내시오.

다. 각종 결과값은 지시한 단위를 기준으로 소수점 이하 3자리까지 쓰시오.
  1) 아래 형상과 다음 고려사항을 참조하여 경계조건(하중 조건, 구속 조건)을 부여하고 해석을 수행하시오.
    - 열응력해석에 다음과 같은 경계조건을 부여하시오.
      a. ①의 3군데 초록색 표시면의 모든 자유도 구속
      b. 열전달해석에서 얻은 결과를 열 하중으로 Mapping
      c. 해석 대상의 자중은 무시
  2) 열응력해석을 수행하고 그 결과를 보고서 양식에 따라 작성하시오.
    - 해석 결과 보고서 작성 사항
      a. 지시된 경계조건이 적용되어 나타난 등각 View
         (경계 조건에 대한 표현은 사용하는 S/W에서 제공하는 기능 이용)
         - 경계조건 항목 리스트(적용한 경계조건을 간략하게 명시)
      b. 변형량의 최대값과 그 방향 및 크기를 확인할 수 있는 View (변형 전 형상/변형 후 형상을 동시에 표시하도록 캡처하여 보고서 Template에 삽입하고, 변형량 값이 표시된 범례를 포함시킬 것)
      c. 응력 표시는 Nodal 값의 평균값을 사용하여 발생하는 von-Mises Stress의 최대값과 그 위치 및 크기를 알 수 있는 View(발생 응력의 최대값이 위치 한 곳을 확인할 수 있는 형상을 캡처하여 보고서에 삽입하고 응력 값이 표시된 범례를 포함시킬 것)
      d. 항복 강도를 기준으로 한 안전율(Safety Factor)

<열응력 해석 : 해석결과 보고서 작성 사항>

a. 지시된 경계조건이 적용되어 나타난 등각 View	열응력해석 결과	
	b. 변위결과	c. 응력결과
• ①3군데 초록색 표시면의 모든 자유도 구속 • ②열전달해석에서 얻은 결과를 열 하중으로 Mapping • ③제로 변형률 참조 온도 30℃	• 최대값 : 0.126 mm	• Equivalent stress : 92.147 MPa d. 안전율 : 2.814(항복강도 기준)

[5과제 - 동적구조해석]

가. 1과제 해석용모델링 과제를 수행하고 만들어진 해석용모델링을 이용하여, 동적구조해석 경계조건(구속조건)을 적용 하여 동적구조해석을 수행하고, 해석결과를 주어진 보고서의 양식에 따라 작성하시오.

나. 보고서를 작성할 때 필요한 그림 캡처는 주어진 모델을 기준으로 결과가 잘 나타날 수 있는 등각 View로 나타내시오.

다. 모드 해석을 수행하고 그 결과를 보고서 양식에 따라 작성하시오.
   1) 아래 형상과 다음 고려사항을 참조하여 경계조건(구속 조건)을 부여하고 해석을 수행하시오.
     - 동적구조해석에 다음과 같은 경계조건을 부여하시오.
       a. ①의 3군데 초록색 Hole 내부 면의 모든 자유도 구속
         (경계 조건에 대한 표현은 사용하는 S/W에서 제공하는 기능 이용)
   2) 동적구조해석을 수행하고 그 결과를 보고서 양식에 따라 작성하 시오.
     - 모드의 추출 개수 : 1차 모드부터 3차 모드까지 추출함
       a. 지시된 경계조건이 적용되어 나타난 등각 View
       b. 모드 형상(mode shape)의 등각 View (변형 전 형상/변형 후 형상을 동시에 표시하도록 캡처하여 보고서 Template에 삽입할 것)
       c. 추출된 모드의 주파수

〈동적 구조해석 : 해석결과 보고서 작성 사항〉

a. 지시된 경계조건이 적용되어 나타난 등각 View	동적 구조해석 결과
	b. MODE SHAPE(1~3차모드)
• ①의 3군데 초록색 표시면의 모든 자유도 구속	c. 고유 주파수 : 1st : 199.11 Hz 2nd : 1026.5 Hz 3rd : 1026.6 Hz

06 대칭 모델 – 핸드폰 거치대

[1과제 - 정적 구조 해석 유한요소모델]

가. 주어진 3D CAD 데이터(Step 파일 또는 Parasolid 파일)를 이용하여 정적구조해석을 위한 유한요소 모델을 생성하고 요소모델의 정 보를 제공된 보고서 양식에 따라 작성하시오.
   ※ CAD 모델(Step 파일 또는 Parasolid 파일 제공)

나. 제출보고서에는 주어진 모델을 기준으로 결과를 가장 잘 표현할 수 있는 등각 view로 나타내시오.

다. 구조해석을 위한 유한요소모델은 다음과 같이 생성하시오.
   1) 해석모델에서 해석 과정에 영향을 미치지 않는 0.5mm 이하의 Chamfer, Fillet 및 지름 1mm 이하의 Hole 형상을 제거하고 해석 모델의 메쉬(Mesh)를 생성하시오.
      - 기본 Mesh size는 2mm로 설정하고, Fillet 및 Hole 등 응력 집중이 예상되는 곳에는 Mesh 품질을 적절하게 작업할 것
      - 아래 그림과 같이 해석 모델을 대칭 모델을 만드시오.
      - 10절점 4면체요소 고차 요소(10-Noded 3D Tetrahedral Element) 를 사용할 것.
      - 재질은 다음 재료 물성표를 이용하여 해석에 필요한 정보를 직접 입력하시오.

Material Properties	Aluminum
Mass Density (RHO)	2.66×10^{-6} (kg/mm3)
Young's Modulus (E)	72 GPa
Poisson's Ratio (NU)	0.33
Yield Strength	217MPa
Tensile Strength	2.9+e8 N/m^2
Thermal expansion coefficient	2.5e-05 /K
Thermal conductivity	117 W/(m*K)
Material temperature	섭씨 50도

2) 해석용 모델링을 수행하고 그 결과를 보고서 양식에 따라 작성하시오.
   - 해석용 모델링 작업 보고서 작성 사항
     a. 원형 모델 등각 View
     b. 해석 간소화 모델 등각 View
     c. 유한요소모델 등각 View
     d. Node(절점) 개수
     e. Element(요소) 개수
     f. 사용 소프트웨어 이름
     ※ 유한요소모델은 메시(Mesh) 형상이 나타나야 함

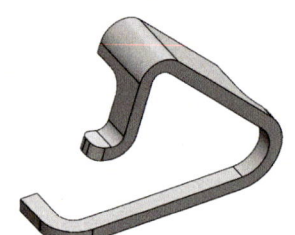

01 CAD 데이터 파일열기

파일>열기>에서 모든 파일로 설정이후에 [거치대] 파일을 연다.
"진단 불러오기를 실행할까요?" 아니오를 클릭한다.

"피쳐 인식으로 작업을 진행하시겠습니까?"
"아니오" 를 클릭한다.

문제에서 주어진 색 검토, 0.5mm 이하 fillet, 미세한 구멍을 확인한다.

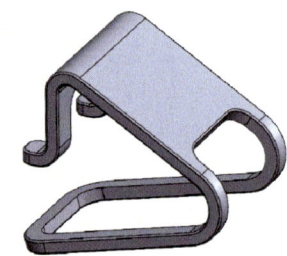

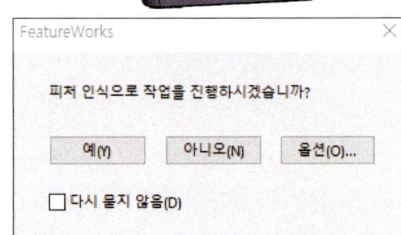

02 피쳐 인식 진행

SOLIDWORKS 의 피쳐 인식 기능을 활용하여 해석간소화를
실행한다. FeatureWorks기능에서 주어진 기능으로 설정한다.

화면 적용에서 흰색 단색으로 교체한다.

문제에서 주어진 단색 (초록색, 주황색)을 해당 면에 동일하게 입힌다.
Feature manager tree 피쳐를 단독으로 클릭하여 변형된 형상과 검토한다.

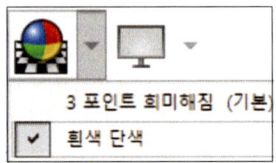

03 설정 추가

설정 탭을 클릭한다.
기존 설정을 "원형 모델" 으로 이름을 바꾼다.

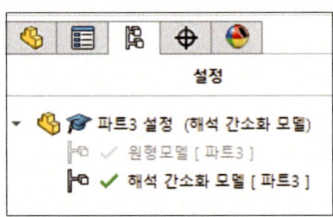

04 해석 간소화 설정 추가

설정에서 "해석 간소화 모델"을 추가로 생성한다.

생성된 feature manager 에서 0.5mm 이하 필렛 형상을 억제한다.

생성된 feature manager 에서 0.5mm 이하 모따기 형상을 억제한다.

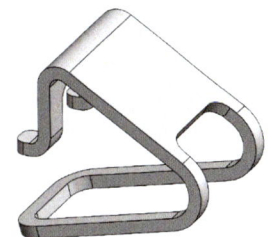

6.1 대칭 모델 작성

해석 시간을 줄이기 위해서 대칭 모델을 사용한다. 하지만, 형상, 경계조건, 하중조건이 완벽하게 대칭인 경우에 사용한다. 정적해석이나 유동해석에서 대칭 조건을 사용하지만 모달 해석에서는 사용하지 않는다.

05 대칭 모델링 생성

피쳐의 평면을 클릭한다.

양쪽의 두면을 클릭하여 중간평면을 만든다.

분할을 이용하여 생성된 평면을 클릭한다.

파트 자르기 클릭한다.

생성되는 바디 1EA 체크한다.

자른 바디 제거 체크한다.

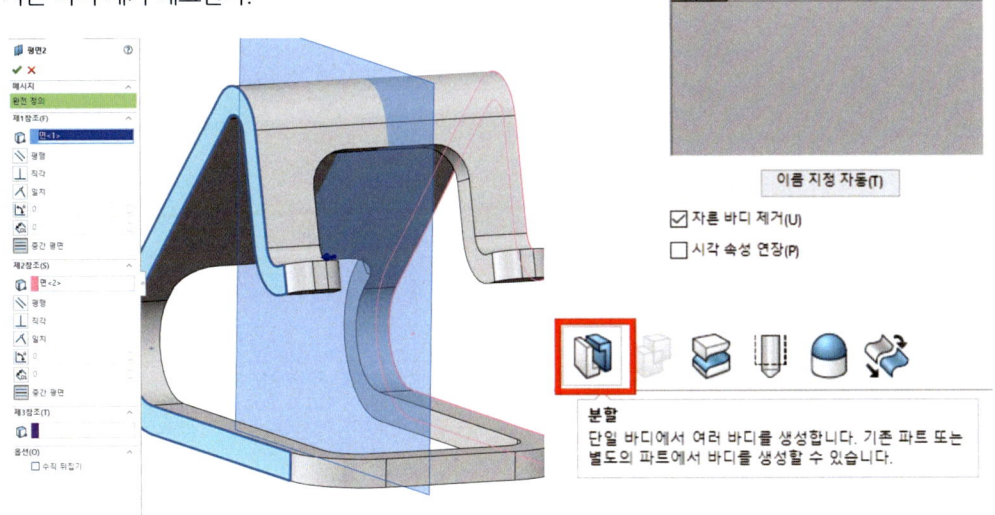

06 재질 속성 지정

재질 적용/편집을 클릭한다.
SOLIDWORKS Materials 폴더를 확장하고 새 라이브러리를 선택하고 새 재질을 생성한다.
속성에서 모델 유형은 선형 등방성 탄성을 선택한다.
단위는 SI-N/mm^2 (MPa) 을 선택한다.

1과제에서 주어진 재질 정보를 새 재질 정보에 입력한다.

속성	값	단위
탄성계수	72000	N/mm^2
포아송비	0.33	해당 없음
전단계수	318.9	N/mm^2
질량 밀도	2660	kg/m^3
인장 강도	290	N/mm^2
압축 강도		N/mm^2
항복 강도	217	N/mm^2
열 팽창 계수	2.5e-05	/K
열 전도율	117	W/(m·K)
비열	1386	J/(kg·K)

07 스터디 작성

스터디를 클릭한다.

08 스터디 이름 설정

스터디 유형으로 정적 해석을 클릭한다.
이름에 "정적구조해석" 을 입력하고 확인을 클릭한다

09 메시 작성

메시 작성을 클릭한다.

10 메시 속성 설정

메시 파라미터 탭을 확장한다.
곡률기반 메시를 선택한다.

메시의 최대 크기는 2mm 이고, 최소 크기는 0.8mm,
원 안에서 최소 요소 수는 8이고, 요소 크기 성장률은 1,2이다.

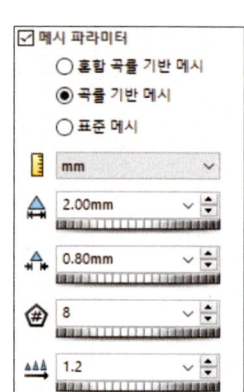

11 메시 정보 표시

메시를 작성했으므로, 메시를 오른쪽 클릭하여 "자세히"를
선택하여 Node(절점) 개수 , Element(요소) 개수를 확인할 수 있다.

[2과제 - 정적구조해석 해석 결과]

가. 1과제 해석용모델링 과제를 수행하고 만들어진 해석용모델링을 이용하여, 정적구조해석 경계조건(하중조건, 구속조건)을 적용 하여 정적구조해석을 수행하고, 해석결과를 주어진 보고서의 양 식에 따라 작성하시오.

나. 보고서를 작성할 때 필요한 그림 캡처는 주어진 모델을 기준으로 결과가 잘 나타날 수 있는 등각 View 로 나타내시오.

다. 각종 결과값은 지시한 단위를 기준으로 소수점 이하 3자리까지 쓰시오.
  1) 아래 형상과 다음 고려사항을 참조하여 경계조건(하중 조건, 구속 조건)을 부여하고 해석을 수행하시오.
    - 해석 모델을 그림과 같이 대칭 조건을 활용하여 해석을 진행하시오.
    - 정적구조해석에 다음과 같은 경계조건을 부여하시오.
      a. ① 하부면 Radial, Tangential 방향 구속
      b. ② 상부면 1개소 압력 0.5 MPa적용
      c. 해석 대상의 자중은 무시

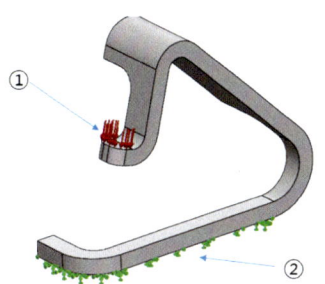

  2) 정적구조해석을 수행하고 그 결과를 보고서 양식에 따라 작성하시오.
    - 해석 결과 보고서 작성 사항
      a. 지시된 경계조건이 적용되어 나타난 등각 View (경계 조건에 대한 표현은 사용하는 S/W에서 제공하는 기능 이용)
        - 경계조건 항목 리스트 (적용한 경계조건을 간략하게 명시)
      b. 변형 량의 최대값과 그 방향 및 크기를 확인할 수 있는 View (변형 전 형상/변형 후 형상을 동시에 표시하도록 캡처하여 보고서 Template에 삽입하고, 변형 량 값이 표시된 범례를 포함시킬 것)
      c. 응력 표시는 Nodal 값의 평균값을 사용하여 발생하는 von-Mises Stress의 최대값과 그 위치 및 크기를 알 수 있는 View (발생 응력의 최대값이 위치 한 곳을 확인할 수 있는 형상을 캡처하여 보고서에 삽입하고 응력 값이 표시된 범례를 포함시킬 것)
      d. 항복 강도를 기준으로 한 안전 율(Safety Factor)

01 파일 열기

[1과제] 에서 메시 생성까지 진행한 [거치대] 파일을 불러온다. 정적구조해석 해석 탭을 활성화한다.

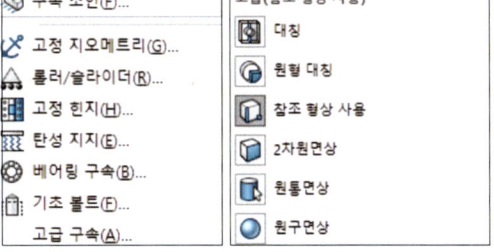

02 하부면 Radial, Tangential 방향 구속

구속을 우 클릭 후에 고급 구속을 선택한다. 참조 형상을 클릭 후에 하단 면을 선택한다. 방향을 위한 면에 정면을 선택한다.
참조면 방향1, 참조면 방향2를 활성화한다.
면에 수직 방향은 비활성화 한 채로 남겨둔다.

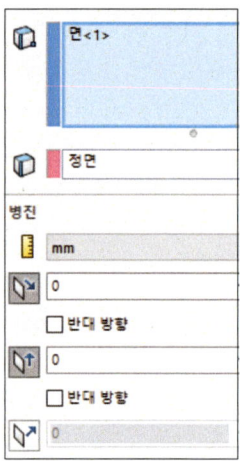

6.2 가상벽

파트에서 해석에서 제외하는 경우에 가상 벽을 사용하고 복잡한 바닥이나 벽면을 모델에 삽입하지 않아도 시뮬레이션을 사용할 수 있다. 가상벽은 크게 강체와 유동으로 구분된다. 강체 유형은 강한 기초 평판을 시뮬레이션 하는데 사용할 수 있다. 유동 유형은 축과 축선 방향의 유효 기초 강성 값을 지정해야 한다.

03 평면 생성

가상 벽을 설정하기 위해 먼저 평면을 생성한다.
모델 탭에서 피쳐 기준면에서 오프셋 0되는 평면을 생성한다.

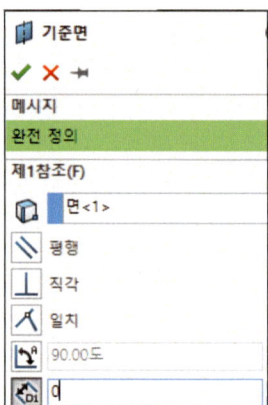

04 가상벽

연결을 우 클릭 후에 로컬상호작용을 클릭한다.

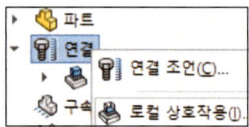

05 가상면 추가

먼저, 바닥면에 면을 모델 탭에서 면을 생성한다.
스터디 탭으로 전환후에, 연결 우 클릭 후에 로컬 상호작용을 클릭한다.
유형에서 가상 벽을 선택한다.
바닥면을 클릭후에, 대상 평면에 먼저 생성한 평면을 선택한다. 벽 유형을 강체로 지정한다.

06 하중 방향 정의

압력을 클릭 후에 상단 2EA 면을 선택한다.
면에 수직 방향을 선택한다.

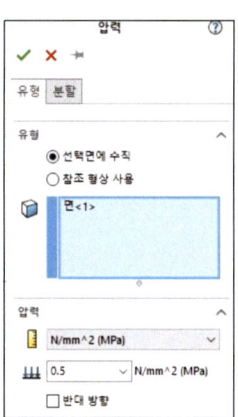

07 하중 크기 입력

압력의 크기는 0.5 MPa 을 입력한다.
확인을 클릭한다.

08 대칭 조건

구속을 클릭 후 대칭을 클릭한다.
앞선 분할작업에서 중간 평면과 교차하는 두면을 클릭한다.

09 평균 응력 체크

스터디명 우클릭후에 속성을 클릭한다.
옵션의 '중간노드에서 평균 응력'을 체크한다.

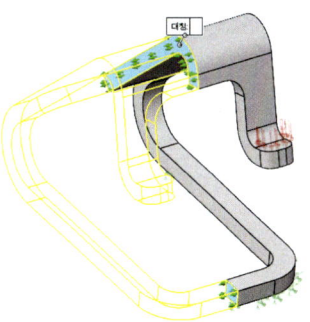

10 해석 실행

시뮬레이션 탭의 "이 스터디 실행" 아이콘을 클릭한다.
최대 응력 위치를 확인한다.

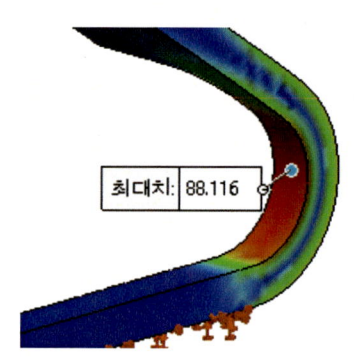

11 미세 메시 적용

최대 응력이 발생한 면 1EA에 미세 메시를 0.8mm 를 적용한다.

12 스터디를 실행한다.

13 변위 플롯 결과 확인

변위 플롯 아이콘을 더블 클릭한다.
변위는 최대 총 변위 1.104 mm 이다.
정의에서 고급옵션을 클릭한다.
대칭 결과를 표시한다.

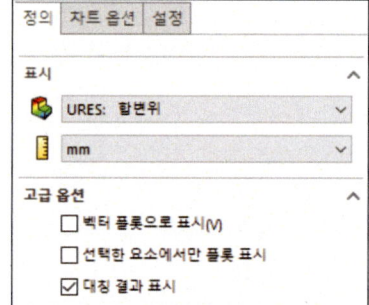

14 응력 결과 확인

정의-고급옵션의 대칭 결과를 표시한다.
응력은 90.329 MPa 임을 확인한다.
응력 결과를 범례와 근접하게 한 후 캡쳐한다.

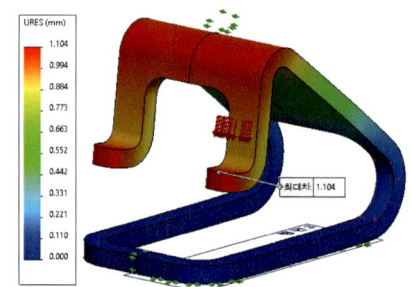

15 안전 계수 플롯 해석

안전 계수 결과 플롯의 범례에서 안전 계수 2.402를 확인한다.

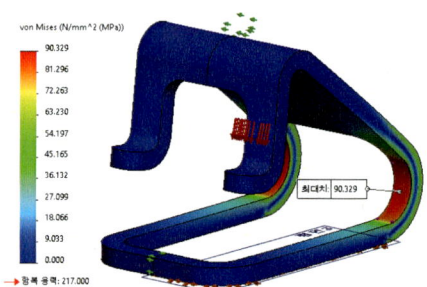

<1과제 - 유한요소 모델 작업 사항>

a. 원형모델 등각 view	b. 해석 간소화 등각 view	c. 유한 요소 등각 view
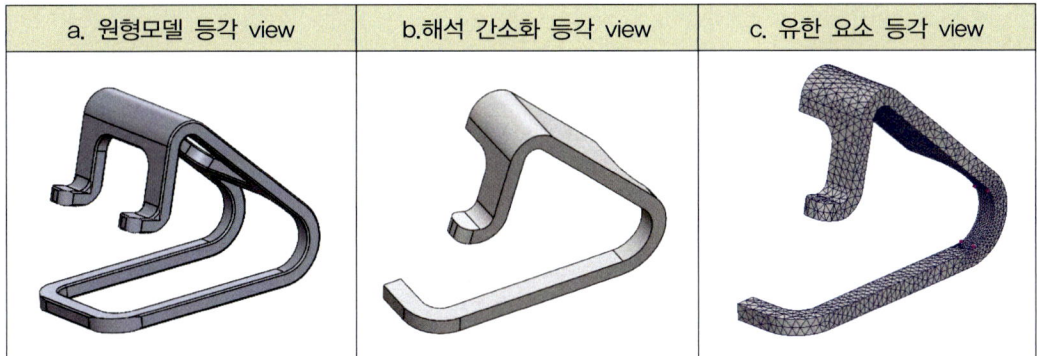		

d. Node(절점) 개수 : 21338
e. Element(요소) 개수 : 12869
f. 사용 S/W 명 : SOLIDWORKS Simulation

<2과제 - 정적구조해석 결과>

a. 지시된 <u>경계조건</u>이 적용되어 나타난 등각 View	정적 구조해석 결과	
	b. 변위결과	c. 응력결과
• ①바닥면 Radial, Tangential 방향 구속 • 바닥면 가상벽 적용 • ②1개소 Normal 방향 하중 5MPa • 대칭 구속 조건 적용	• 최대값 : 1.104mm	• 등가응력 : 90.329 MPa d. 안전율 : 2.402(항복강도 기준)

[3과제 - 열전달해석]

가. 1과제 해석용모델링 과제를 수행하고 만들어진 해석용모델링을 이용하여, 열 전달 해석 열 하중 조건을 적용 하여 열전달해석을 수행하고, 해석결과를 주어진 보고서의 양 식에 따라 작성하시오.

나. 보고서를 작성할 때 필요한 그림 캡처는 주어진 모델을 기준으로 결과가 잘 나타날 수 있는 등각 View로 나타내시오.

다. 각종 결과값은 지시한 단위를 기준으로 소수점 이하 3자리까지 쓰시오.
   1) 아래 형상과 다음 고려사항을 참조하여 열 하중 조건을 부여하고 해석을 수행하시오.
      - 열전달해석에 다음과 같은 열하중조건을 부여하시오.
         a. ①의 하부면 온도 30℃ 정상상태 적용
         b. ②의 상부면 2개소 온도 50℃ 정상상태 적용
         c. ①과 ②의 3군데 제외한 모든 표면에 대류 경계 조건 적용
            - 외부의 주변온도 20℃
            - 대류열전달계수 5W/(m2·℃)
   2) 열전달해석을 수행하고 그 결과를 보고서 양식에 따라 작성하 시오.
      - 해석 결과 보고서 작성 사항
         a. 지시된 경계조건이 적용되어 나타난 등각 View
            (경계조건에 대한 표현은 사용하는 S/W에서 제공하는 기능 이용)
            - 경계조건 항목 리스트(적용한 경계조건을 간략하게 명시)
         b. 온도분포의 최대값과 최소값을 크기를 확인할 수 있는 View
            - 온도분포의 최소값과 최대값의 리스트

01 열해석 스터디 작성
거치대 모델링의 '열전달'라는 이름의 스터디를 작성한다.

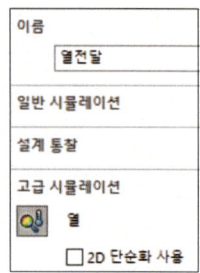

02 지지면 온도 정의
열 하중을 오른쪽 클릭하고 온도를 선택한다.
바닥면에 온도 30도를 정의한다.

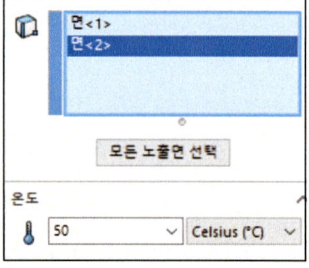

03 하중면 온도 정의

열 하중을 오른쪽 클릭하고 온도를 선택한다.
상단 1EA 면에 온도 50도를 정의한다.

04 대류 정의

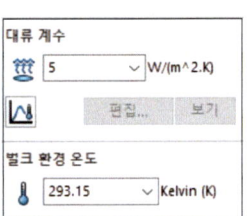

열 하중을 오른쪽 클릭하고 대류를 선택한다.
전체 모든 면을 선택 후, shift를 누른 상태에서 온도와 지지 정의된 면을 제외한다.
또한 대칭되는 두 면을 제외한다.

주어진 대류계수로 5 W/m^2K를 지정하고
주변 온도 섭씨 20도 (273.15+20 K) 를 정의한다.

기호 설정의 대류 기호 크기를 50으로 변경한다.

05 모델 메시

정적구조해석 스터디 탭의 메시 정보를 우 클릭 후 복사한다.
열전달 스터디의 메시에 붙여넣기 한다.

06 해석 실행

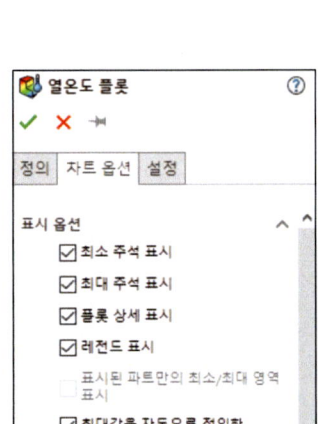

스터디 이름을 우클릭 후 해석을 실행한다.

07 정상 상태 온도 분포 표시

결과 디렉토리에서 생성된 열 1 플롯을 더블 클릭한다.
차트옵션에서 최소주석표시, 최대 주석 표시를 선택한다.
최소값 : 29.996 도, 최대값 50 도를 확인한다.
온도,대류 경계 조건을 숨기고 결과를 범례 포함하여 캡쳐한다.

<열전달 해석 : 해석결과 보고서 작성 사항>

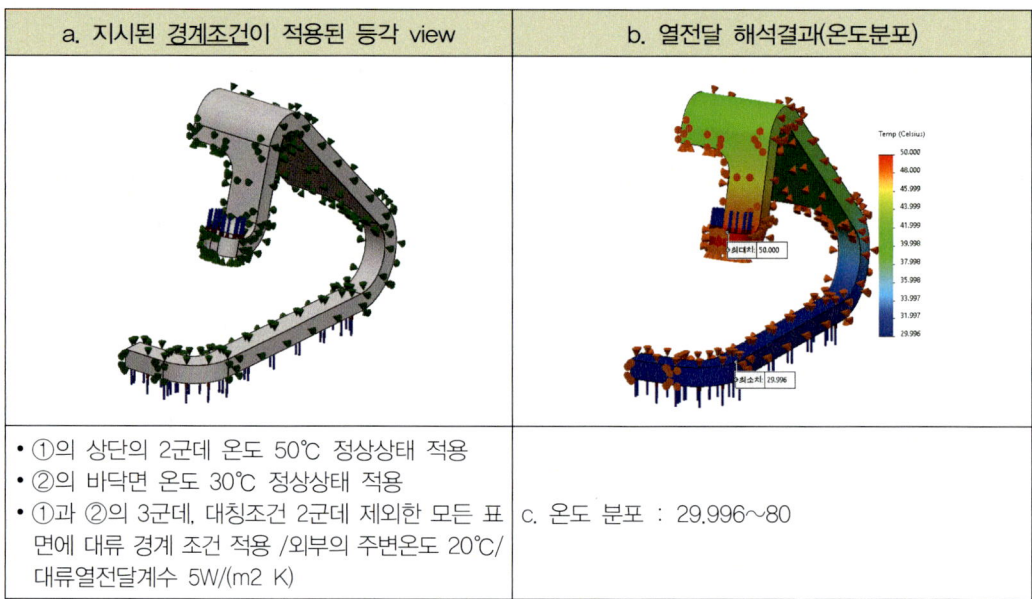

a. 지시된 경계조건이 적용된 등각 view	b. 열전달 해석결과(온도분포)
• ①의 상단의 2군데 온도 50℃ 정상상태 적용 • ②의 바닥면 온도 30℃ 정상상태 적용 • ①과 ②의 3군데, 대칭조건 2군데 제외한 모든 표면에 대류 경계 조건 적용 /외부의 주변온도 20℃/ 대류열전달계수 5W/(m2 K)	c. 온도 분포 : 29.996~80

[4과제 - 열응력해석]

가. 3과제 열전달 과제를 수행하고 만들어진 열전달해석 결과를 이용하여, 열하중 조건을 적용하고, 구속 조건을 적용하여 열응력해석을 수행하고, 해석결과를 주어진 보고서의 양식에 따라 작성하시오.

나. 보고서를 작성할 때 필요한 그림 캡처는 주어진 모델을 기준으로 결과가 잘 나타날 수 있는 등각 View 로 나타내시오.

다. 각종 결과값은 지시한 단위를 기준으로 소수점 이하 3자리까지 쓰시오.
   1) 아래 형상과 다음 고려사항을 참조하여 경계조건(하중조건, 구속 조건)을 부여하고 해석을 수행하시오.
      - 열응력해석에 다음과 같은 경계조건을 부여하시오.
         a. ①의 하부면 모든 자유도 구속
         b. 열전달해석에서 얻은 결과를 열 하중으로 Mapping
         c. 해석 대상의 자중은 무시
   2) 열응력해석을 수행하고 그 결과를 보고서 양식에 따라 작성하시오.
      - 해석 결과 보고서 작성 사항
         a. 지시된 경계조건이 적용되어 나타난 등각 View
            (경계조건에 대한 표현은 사용하는 S/W에서 제공하는 기능 이용)
             - 경계조건 항목 리스트(적용한 경계조건을 간략하게 명시)
         b. 변형량의 최대값과 그 방향 및 크기를 확인할 수 있는 View (변형 전 형상/변형 후 형상을 동

시에 표시하도록 캡처하여 보고서 Template에 삽입하고, 변형량 값이 표시된 범례를 포함시킬 것)

c. 응력표시는 Nodal 값의 평균값을 사용하여 발생하는 von-Mises Stress의 최대값과 그 위치 및 크기를 알 수 있는 View(발생 응력의 최대값이 위치 한 곳을 확인할 수 있는 형상을 캡처하여 보고서에 삽입하고 응력 값이 표시된 범례를 포함시킬 것)

d. 항복강도를 기준으로 한 안전율(Safety Factor)

01 정적스터디 작성

정적스터디를 작성하고 '열응력' 이름을 지정한다.

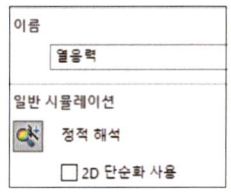

02 해석에 열 효과 포함

열응력 스터디를 오른쪽 클릭하고 속성을 선택한다.

03 연성해석

유동/온도 효과에서 열전달 해석에서 얻은 결과 "열전달" 을 선택한다.

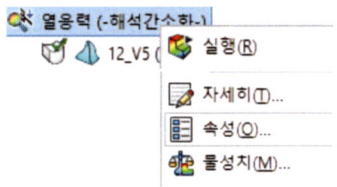

04 참조 온도 설정

제로 변형률 참조 온도는 모델에 열 변형이 없는 것으로 간주되는 온도에 해당한다.
[1과제]의 재질 속성에 주어진 온도 45도(섭씨)를 제로 변형율 참조 온도에 입력한다.
확인을 클릭한다.

05 고정 조건

지지부에 고정 지오메트리를 부여한다.

06 대칭조건

고급 구속의 대칭 조건을 적용한다.

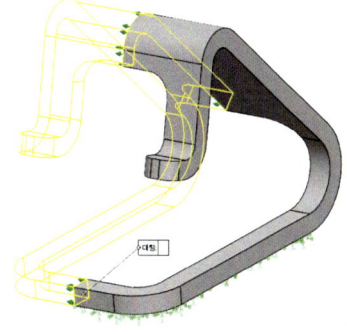

07 평균 응력 체크

스터디명 우클릭후에 속성을 클릭한다.
옵션의 '중간노드에서 평균 응력'을 체크한다.

08 열응력 스터디 실행

실행을 클릭하여 해석을 진행한다.

09 변위 플롯 결과

대칭조건을 표시한다.

변위 결과는 0.037 mm 임을 확인한다.

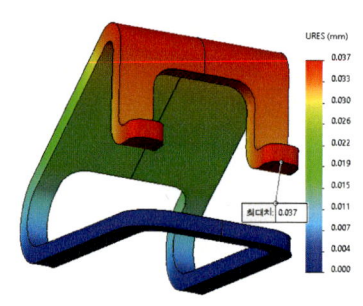

10 응력 결과 확인

응력은 88.585 MPa 임을 확인한다.

응력 결과를 범례와 근접하게 한 후 캡쳐한다.

11 안전 계수 플롯 해석

안전 계수 결과 플롯의 범례에서 안전계수 2.579를 확인한다.

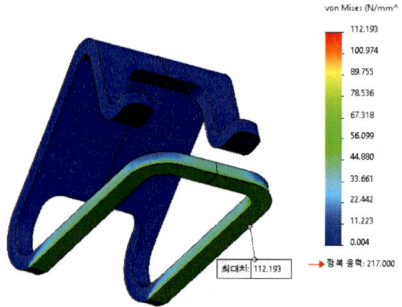

〈열응력 해석 : 해석결과 보고서 작성 사항〉

a. 지시된 경계조건이 적용되어 나타난 등각 View	열응력해석 결과	
	b. 변위결과	c. 응력결과
• 바닥면 고정 • 열전달해석에서 얻은 결과를 열하중으로 Mapping • 물체의 초기 온도는 섭씨 45도 • 대칭구속조건	• 최대값 : 0.037mm	• Equivalent stress : 84.126 MPa d. 안전율 : 2.579(항복강도 기준)

[5과제 - 동적구조해석]

가. 1과제 해석용모델링 과제를 수행하고 만들어진 해석용모델링을 이용하여, 동적구조해석 경계조건(구속조건)을 적용 하여 동적구조해석을 수행하고, 해석결과를 주어진 보고서의 양식에 따라 작성하시오.

나. 보고서를 작성할 때 필요한 그림 캡처는 주어진 모델을 기준으로 결과가 잘 나타날 수 있는 등각 View로 나타내시오.

다. 모드 해석을 수행하고 그 결과를 보고서 양식에 따라 작성하시오.
   1) 아래 형상과 다음 고려사항을 참조하여 경계조건(구속 조건)을 부여하고 해석을 수행하시오.
     - 동적구조해석에 다음과 같은 경계조건을 부여하시오.
      a. 바닥면 고정하여 3차 모드까지 추출
     (경계 조건에 대한 표현은 사용하는 S/W에서 제공하는 기능 이용)
   2) 동적구조해석을 수행하고 그 결과를 보고서 양식에 따라 작성하시오.
     - 모드의 추출 개수 :1차 모드부터 3차 모드까지 추출함
      a. 지시된 경계조건이 적용되어 나타난 등각 View
      b. 모드 형상(mode shape)의 등각 View (변형 전 형상/변형 후 형상을 동시에 표시하도록 캡처하여 보고서 Template에 삽입하고, 변형량 값이 표시된 범례를 포함시킬 것)
      c. 추출된 모드의 주파수

01 파일 불러오기
앞서 진행한 [거치대] 파일을 연다.
고유진동수는 대칭 조건을 적용할 수 없으므로 해석 간소화 설정의 대칭을 위해 활용한 분할 피쳐를 억제한다.

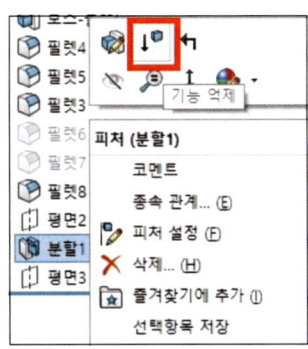

02 고유진동수 스터디 작성
고유진동수 해석유형으로 선택하여 동적구조해석 스터디를 작성한다.

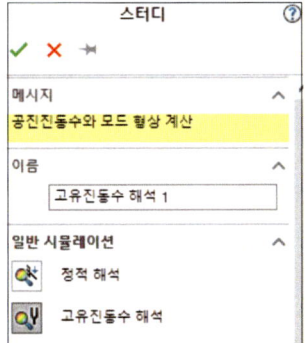

03 스터디속성 설정

동적구조해석 스터디를 오른쪽 클릭하여 속성을 선택한다. 옵션에서 처음 세 개의 고유진동수를 계산하도록 3를 진동수로 입력한다.

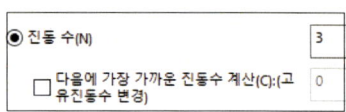

04 재질속성 검토

사용자 재질에서 이미 부여된 속성이 SOLIDWORKS모델에서 자동으로 이전된다.

05 구속정의

고정 지오메트리 바닥 내부면에 적용하고 해당 이미지를 캡쳐한다.

06 메시 작성

메시 작성을 클릭한다.

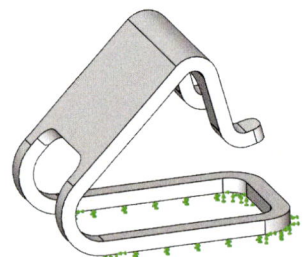

07 메시 속성 설정

정적구조해석 스터디 탭의 메시 정보를 우 클릭 후 복사한다.

08 해석 수행

09 고유주파수 확인

결과 폴더를 우측 클릭후에 "공진진동수 표시" 클릭하여 확인한다.

10 1,2,3차 mode shape를 캡처한다.

<동적 구조해석 : 해석결과 보고서 작성 사항>

a. 지시된 <u>경계조건</u>이 적용되어 나타난 등각 View	동적 구조해석 결과
	b. MODE SHAPE(1~3차모드)
• ①의 3군데 초록색 표시면의 모든 자유도 구속	c. 고유 주파수 : 1st : 261.57 Hz 2nd : 614.88 Hz 3rd : 1372.2 Hz

07 베어링 하중 – 동력전달장치 본체

[1과제 - 정적 구조 해석 유한요소모델]

가. 주어진 3D CAD 데이터를 이용하여 정적구조해석을 위한 유한요소모델을 생성하고 요소모델의 정보를 제공된 보고서 양식에 따라 작성하시오.
   ※ CAD 모델(SOLIDWORKS 본체)

나. 제출보고서에는 주어진 모델을 기준으로 결과를 가장 잘 표현할 수 있는 등각 view로 나타내시오.

다. 구조해석을 위한 유한요소모델은 다음과 같이 생성하시오.
   - 기본 Mesh size는 곡률기반 (슬라이드 우측 끝 세밀함)으로 설정하고 응력 집중이 예상되는 곳은 미세 메시 적용할 것
   - 10절점 4면체요소 고차요소(10-Noded 3D Tetrahedral Element) 를 사용할 것.
   - 부품의 재질은 솔리드웍스 프로그램의 회주철을 적용할 것.

Material Properties	gray cast iron
Mass Density (RHO)	7.2×10^{-6} (kg/mm3)
Young's Modulus (E)	66.178 GPa
Poisson's Ratio (NU)	0.27
Compressive Strength	527.165 MPa
Tensile Strength	151.658 MPa
Thermal expansion coefficient	1.2e-05 /K
Thermal conductivity	45 W/(m*K)
Material temperature	섭씨 20도

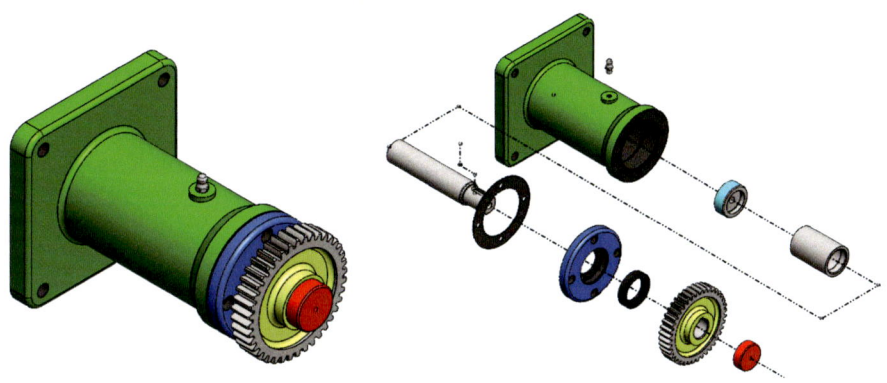

01 CAD 데이터 파일열기

파일>열기>에서 모든 파일로 설정이후에
동력전달장치.parasolid 파일을 연다.

02 재질 속성 지정

재질 적용/편집을 클릭한다.
SOLIDWORKS Materials 폴더를 확장하고 철을 클릭후
회주철을 선택한다.

1과제에서 주어진 재질 정보를 새 재질 정보에 입력한다.

03 스터디 작성

스터디를 클릭한다.

04 메시 작성

메시 작성을 클릭한다.

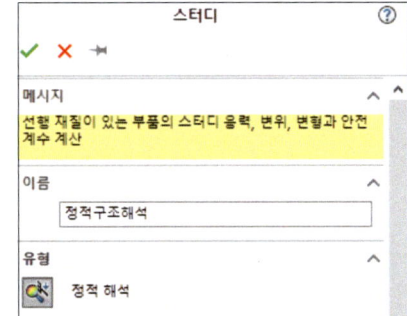

05 메시 속성 설정

메시 파라미터 탭을 확장한다.
곡률 기반 메시를 선택후 메시 밀도를 세밀함으로 설정한다.

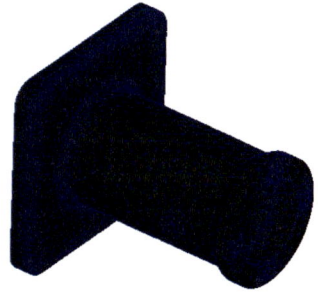

[2과제 - 정적구조해석 해석 결과]

가. 1과제 해석용모델링 과제를 수행하고 만들어진 해석용모델링을 이용하여, 정적구조해석 경계조건(하중조건, 구속조건)을 적용 하여 정적구조해석을 수행하고, 해석결과를 주어진 보고서의 양 식에 따라 작성하시오.

나. 보고서를 작성할 때 필요한 그림 캡처는 주어진 모델을 기준으로 결과가 잘 나타날 수 있는 등각 View 로 나타내시오.

다. 각종 결과값은 지시한 단위를 기준으로 소수점 이하 3자리까지 쓰시오.
  1) 아래 형상과 다음 고려사항을 참조하여 경계조건(하중조건, 구속 조건)을 부여하고 해석을 수행하고 최대 응력을 구하시오.
     - 정적구조해석에 다음과 같은 경계조건을 부여하시오.
        a. ①의 각 초록색 구멍 4EA 면의 모든 자유도 구속
        b. ②의 각 주황색 면 베어링 하중 사인형으로 2500N 적용
        c. 회색 면은 가상의 면을 기준으로 가상 벽을 설정할 것
        d. 그리스 니쁠로 인한 하중은 미세하므로 무시
        e. 해석 대상의 자중은 무시
  2) 정적구조해석을 수행하고 그 결과를 보고서 양식에 따라 작성하시오.
     - 해석 결과 보고서 작성 사항
        a. 지시된 경계조건이 적용되어 나타난 등각 View (경계조건에 대한 표현은 사용하는 S/W에서 제공하는 기능 이용)
           - 경계조건 항목 리스트(적용한 경계조건을 간략하게 명시)
        b. 변형 량의 최대값과 그 방향 및 크기를 확인할 수 있는 View (변형 전 형상/변형 후 형상을 동시에 표시하도록 캡처하여 보고서 Template에 삽입하고, 변형 량 값이 표시된 범례를 포함시킬 것)
        c. 응력표시는 최적 두께에서 Nodal 값의 평균값을 사용하여 발생하는 주응력의 최대값과 그 위치 및 크기를 알 수 있는 분해도 View (발생 응력의 최대값이 위치 한 곳을 확인할 수 있는 형상을 캡처하여 보고서에 삽입하고 응력 값이 표시된 범례를 포함시킬 것)

01 파일 열기

[1과제] 에서 메시 생성까지 진행한 동력전달장치 파일을 불러온다. 정적구조해석 해석 탭을 활성화한다.

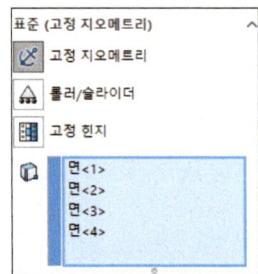

02 고정 구속조건 정의

구속을 클릭한다.
표준 탭을 확장하고 고정 지오메트리를 클릭하고 4EA 초록색 지지면을 선택하여 구조 조건을 정의한다.
확인을 클릭한다.

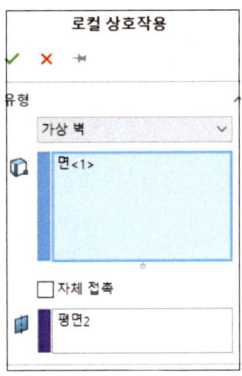

03 평면 생성

가상 벽을 설정하기 위해 먼저 평면을 생성한다.
모델 탭에서 피쳐 기준면에서 오프셋 0되는 평면을 생성한다.

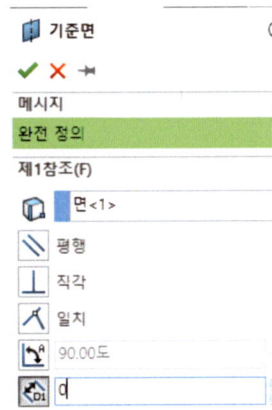

04 가상벽

연결을 우 클릭 후에 로컬상호작용을 클릭한다.

05 가상벽 정의

여러 유형 중 가상 벽을 선택한다.
회색 바닥면에 가상 면을 클릭한다.
바닥면과 일치하는 평면을 선택한다.
(*참조면 평면의 오프셋 평면을 활용하여 선행하여 작성해야 한다.)

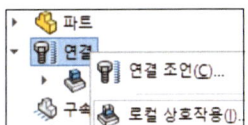

7.1 베어링 하중

베어링 하중은 접촉하는 원통면 사이에 정의되고, 베어링이 지지하고 있는 물체에 의해 발생하는 하중을 편리하게 입력할 수 있도록 제공되는 기능이며 베어링과 맞닿는 부분(면)에 베어링 하중을 입력할 수 있다. 베어링 하중은 접촉하는 원통형 면이나 쉘 모서리 사이에 발생하고, 접촉면에 균일하지 않은 압력을 생성한다. 선택한 좌표계의 Z축은 선택한 원통면 축과 일치해야 한다. 사인형(Sinusoidal) 분포와 포물선형(Parabolic) 분포를 선택한다.

06 베어링 하중 작성을 위한 좌표축 작성

먼저 스케치에서 점을 동심 축에 작성한다.

베어링 하중을 적용하기 위한 면의 동심에 좌표축을 작성한다. Z축이 축방향이 되도록 설정을 위해 Z축 요소에 베어링 하중면을 삽입한다.

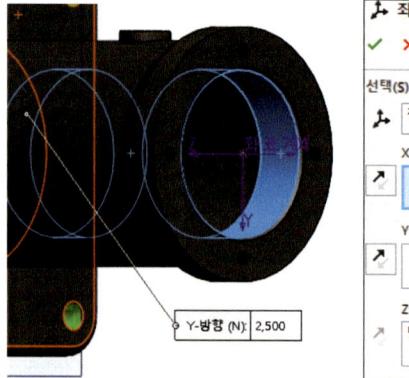

07 베어링 하중

베어링 하중을 클릭 후에 주황색 면을 선택한다. 참조형상 사용을 클릭 후에 분홍색 2면을 클릭하고 베어링 하중 Y축 방향 2500N을 입력한다.

사인형 분포를 클릭한다.

확인을 클릭한다.

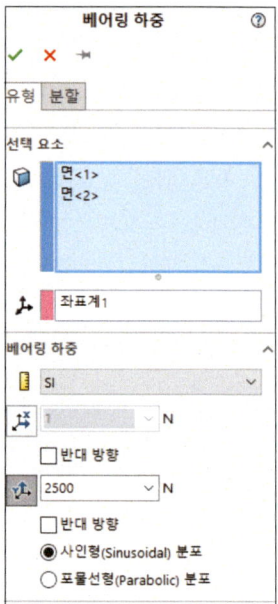

08 해석 실행

시뮬레이션 탭의 "스터디실행" 아이콘을 클릭한다.

09 변위 플롯 설정

변위1을 오른쪽 클릭후 정의 탭으로 자동으로 설정되어 있다. 색상 보이기 란이 체크되어 있지 않으면 파트 색으로 결과가 표현된다.

설정탭을 선택하고, 경계 표시 옵션을 메시로 전환한다.

변형 형상 위에 모델 겹쳐 보기를 선택하여 반투명(파트색), 투명도를 0.5로 설정한다.

정의 란의 자동과 실제 배율을 비교해본다.

확인을 클릭한다.

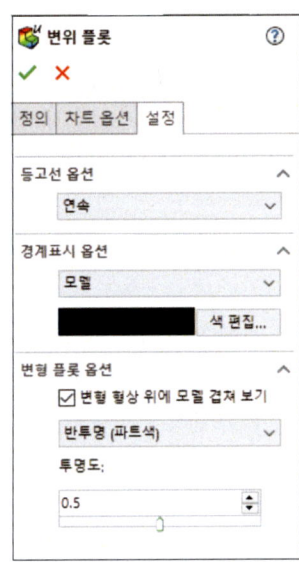

10 변위 플롯 결과

변위 결과는 0.064mm 임을 확인한다.

고정, 하중 경계 조건을 숨긴다.

변위 플롯을 범례와 근접시킨 후 캡쳐한다.

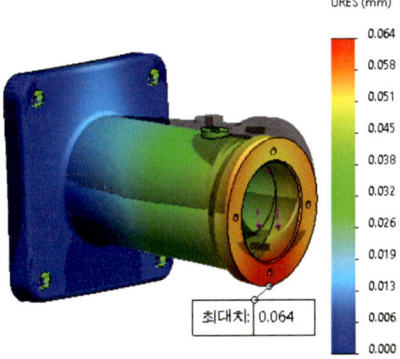

11 주응력 작성

회주철은 재질 특성상 등가응력보다 주응력을 사용한다.

결과 폴더를 우 클릭후에 응력 플롯 정의를 클릭한다.

P1: 최대 주응력을 선택한다.

변형 형상은 자동으로 체크 된지 확인한다.

확인을 클릭한다.

12 차트 수정

작성된 주응력을 오른쪽 클릭하고 차트 옵션을 선택한다.

최대주석표시를 선택하여 마커를 플롯에 표시한다.

자동으로 정의된 최대값, 최소값을 유지한다.

13 응력 플롯 설정 수정

작성된 주응력을 오른쪽 클릭하고 설정을 선택한다.
경계는 연속으로 설정한다.
등고선은 연속으로 설정한다.

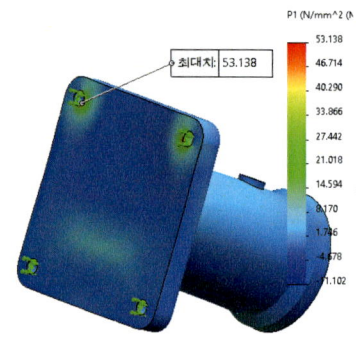

14 응력 결과 확인

주응력은 53.138MPa 임을 확인한다.
응력 결과를 범례와 근접하게 한 후 캡쳐한다.
확인을 클릭한다.

⟨2과제 - 정적구조해석 결과⟩

a. 지시된 경계조건이 적용되어 나타난 등각 View	정적 구조해석 결과	
	b. 변위결과	c. 응력결과
(이미지)	(이미지)	(이미지)
• ①초록색 구멍 4EA 면의 모든 자유도 구속 • ②주황색 면 베어링 하중 사인형으로 2500N 적용	• 최대값 : 0.064mm	• 주응력: 53.138 MPa

[3과제 - 열전달해석]

가. 1과제 해석용 모델링 과제를 수행하고 만들어진 해석용 모델링을 이용하여, 열전달 해석 열하중 조건을 적용하여 열전달 해석을 수행하고, 해석결과를 주어진 보고서의 양식에 따라 작성하시오.

나. 보고서를 작성할 때 필요한 그림 캡쳐는 주어진 모델을 기준으로 결과가 잘 나타낼 수 있는 등각 View로 나타내시오.

다. 각종 결과값은 지시한 단위를 기준으로 소수점 이하 3자리까지 쓰시오.
  1) 아래 형상과 다음고려사항을 참조하여 열하중 조건을 부여하고 해석을 수행하시오.
    - 열전달 해석에 다음과 같은 열하중 조건을 부여하시오.
      a. ①의 회색 표기면 1군데 온도 30℃정상상태적용
      b. ②의 주황색 표기면 2군데 온도 80℃정상상태적용
      c. ①과 ②의 3군데 제외한 모든 표면에 대류 경계조건적용
        - 외부의주변온도 20℃
        - 대류열전달계수 15W/(m2.K)
  2) 열전달 해석을 수행하고 그 결과를 보고서 양식에 따라 작성하시오.
    - 해석 결과보고서 작성 사항
      a. 지시된 경계조건이 적용되어 나타난 등각 View
        (경계 조건에 대한 표현은 사용하는 S/W에서 제공하는 기능 이용)
        - 경계조건 항목 리스트(적용한 경계조건을 간략하게 명시)
      b. 온도 분포의 최대값과 최소값을 크기를 확인할 수 있는 View
        - 온도 분포의 최소값과 최대값의 리스트

01 열해석 스터디 작성
"열전달"라는 이름의 스터디를 작성한다.

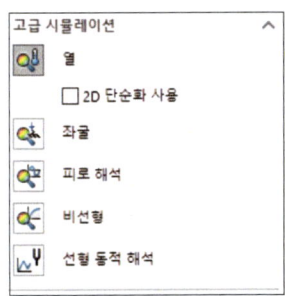

02 지지면 온도 정의
열 하중을 오른쪽 클릭하고 온도를 선택한다.
회색 면에 온도 30도를 정의한다.

03 하중면 온도 정의
열 하중을 오른쪽 클릭하고 온도를 선택한다.
주황색 2EA 면에 온도 80도를 정의한다.

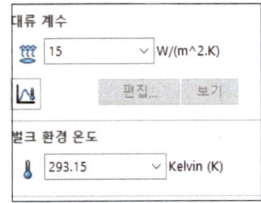

04 대류정의
열 하중을 오른쪽 클릭하고 대류를 선택한다.
전체 모든 면을 선택후, shift를 누른상태에서 온도가 지정된 면을 제외한다.

주어진 대류계수로 10W/m^2K를 지정하고 주변온도 섭씨 20도 (273.15+20 K)를 정의한다.

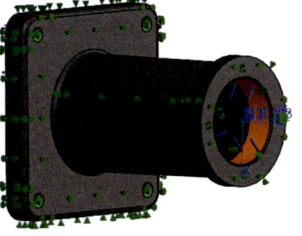

대류 기호를 50으로 변경한다.

05 모델 메시

유한요소모델 스터디 탭의 메시 정보를 우 클릭 후 복사한다. 열전달 스터디의 메시에 붙여넣기 한다.(곡률 기반 메시 슬라이드 우측 끝으로 설정한다.)

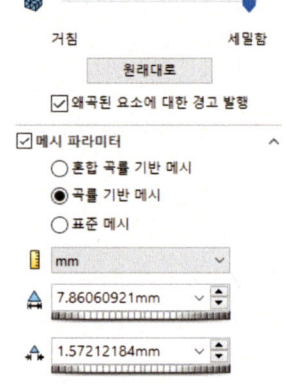

06 해석 실행

07 정상 상태 온도 분포 표시

결과 디렉토리에서 생성된 Thermal 1 플롯을 더블 클릭한다.
차트옵션에서 최소주석표시, 최대 주석 표시를 선택한다.

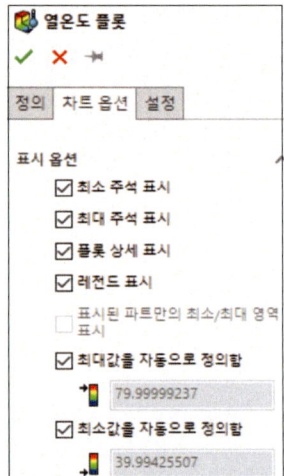

08 온도 결과 확인

최소값 : 39.994 도, 최대값 80 를 확인한다.
온도,대류 경계 조건을 숨기고 결과를 범례포함하여 캡쳐 한다.

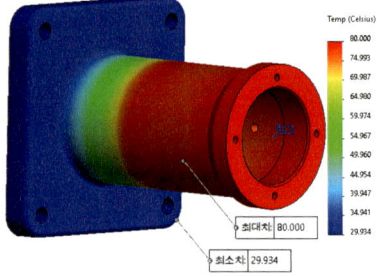

〈열전달 해석 : 해석결과 보고서 작성 사항〉

a. 지시된 경계조건이 적용된 등각 view	b. 열전달 해석결과(온도분포)
• ①의 회색 표기면 1군데 바닥면 온도 30℃ 정상상태 적용 • ②의 주황색 표기면 2군데 Hole 내부면 온도 80℃ 정상상태 적용 • ①과 ②의 3군데 Hole을 제외한 모든 표면에 대류 경계 조건 적용 /외부의 주변온도 20℃/대류열전달계수 15W/(m2 K)	c. 온도 분포 : 29.934~80

[4과제 - 열응력해석]

가. 3과제 열전달 과제를 수행하고 만들어진 열전달 해석 결과를 이용하여, 열하중조건을 적용하고, 구속 조건을 적용하여 열응력해석을 수행하고, 해석 결과를 주어진 보고서의 양식에 따라 작성하시오.

나. 보고서를 작성할 때 필요한 그림 캡처는 주어진모 델을 기준으로 결과가 잘 나타날 수있는 등각 View 로 나타내시오.

다. 각종 결과값은 지시한 단위를 기준으로 소수점 이하 3자리까지쓰시오.
  1) 아래 형상과 다음 고려사항을 참조하여 경계조건(하중 조건, 구속 조건)을 부여하고 해석을 수행하시오.
    - 열응력 해석에 다음과 같은 경계 조건을 부여하시오.
      a. ①의 각 초록색 구멍 4EA 면의 모든 자유도 구속
      b. 열전달해석에서 얻은 결과를 열 하중으로 Mapping
      c. 해석 대상의 자중은 무시
      d. 본체의 회색 바닥 면은 가상의 면을 기준으로 가상 벽을 설정할 것
  2) 열응력 해석을 수행하고 그 결과를 보고서 양식에 따라 작성하시오.
    - 해석결과 보고서 작성 사항
      a. 지시된 경계 조건이 적용되어 나타난 등각 View
        (경계 조건에 대한 표현은 사용하는 S/W에서 제공하는 기능 이용)

- 경계조건 항목 리스트 (적용한 경계조건을 간략하게명시)

b. 변형량의 최대값과 그 방향 및 크기를 확인할 수 있는 View (변형전 형상/ 변형후 형상을 동시에 표시하도록 캡처하여 보고서 Template에 삽입하고, 변형량 값이 표시된 범례를 포함시킬 것)

c. 응력 표시는 Nodal 값의 평균값을 사용하여 발생하는 주응력의 최대값과 그 위치 및 크기를 알 수 있는 View (발생 응력의 최대값이 위치한 곳을 확인할 수 있는 형상을 캡처하여 보고서에 삽입하고 응력값이 표시된 범례를 포함시킬 것)

01 정적스터디 작성
정적스터디를 작성하고 열응력 이름을 지정한다.

02 해석에 열 효과 포함
열응력 스터디를 오른쪽 클릭하고 속성을 선택한다. 유동/온도 효과에서 열전달 해석에서 얻은 결과 "열전달"을 선택한다.

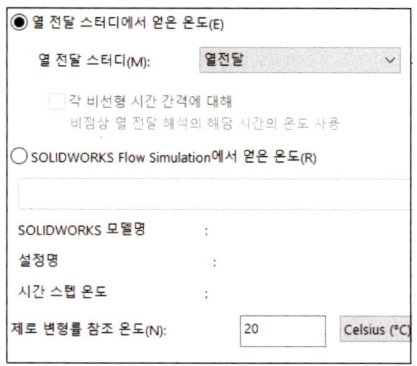

03 참조 온도 설정
제로 변형률 참조 온도는 모델에 열 변형이 없는 것으로 간주되는 온도에 해당한다.
[1과제]의 재질 속성에 주어진 온도 20도(섭씨)를 제로 변형율 참조 온도에 입력한다.
확인을 클릭한다.

04 모델 메시
유한요소모델 스터디 탭의 메시 정보를 우 클릭 후 복사한다.
열전달 스터디의 메시에 붙여넣기 한다.
(곡률 기반 메시 슬라이드 우측 끝으로 설정한다.)

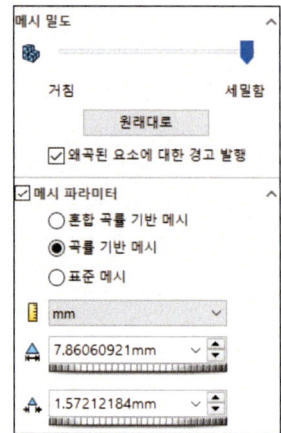

05 지지 조건
지지부에 고정 지오메트리를 부여한다.

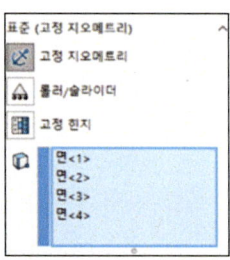

06 가상면 정의

연결을 우 클릭 후에 로컬상호작용을 클릭한다.
여러 유형 중 가상 벽을 선택한다.
회색 바닥면에 가상 면을 클릭한다.
바닥면과 일치하는 평면을 선택한다.
(참조면 평면의 오프셋 평면을 활용하여 선행하여 작성)

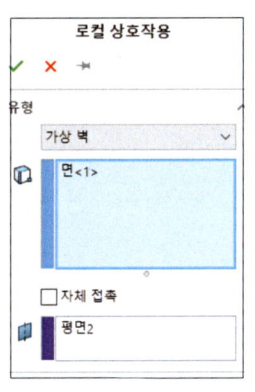

07 열응력 스터디 실행

실행을 클릭하여 해석을 진행한다.

08 변위 플롯 설정

변위1을 오른쪽 클릭후 정의 탭으로 자동으로 설정되어 있다. 색상 보이기 란이 체크되어 있지 않으면 파트 색으로 결과가 표현된다.
차트 옵션을 선택하고, 최대주석표시를 선택하여 마커를 플롯에 표시한다.
확인을 클릭한다.

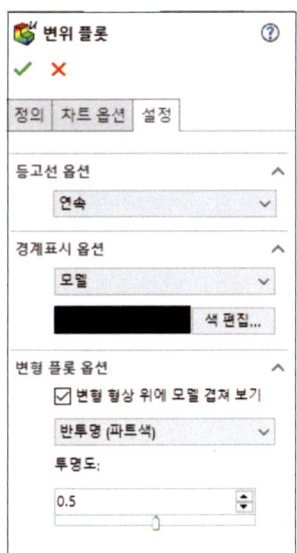

09 변위 플롯 결과

변위 결과는 0.089 mm 임을 확인한다.
고정,하중 경계 조건을 숨긴다.
변위 플롯을 범례와 근접시킨 후 캡쳐한다.

10 주응력 작성

결과 폴더를 우 클릭 후에 응력 플롯 정의를 클릭한다.
P1: 최대 주응력을 선택한다.

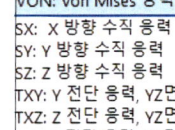

11 응력 결과 확인

주응력은 -19.494MPa 임을 확인한다.

응력 결과를 범례와 근접하게 한 후 캡처한다.

확인을 클릭한다.

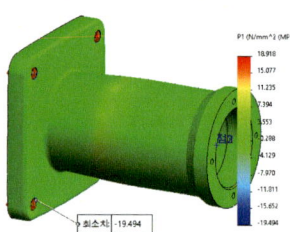

〈열응력 해석 : 해석결과 보고서 작성 사항〉

a. 지시된 경계조건이 적용되어 나타난 등각 View	열응력해석 결과	
	b. 변위결과	c. 응력결과
• ①의 3군데 초록색 표시면의 모든 자유도 구속 • 열전달해석에서 얻은 결과를 열하중으로 Mapping • 초기 온도는 섭씨 20도	• 최대값 : 0.089mm	• 주응력 : -19.494MPa

[5과제 - 동적구조해석]

가. 1과제 해석용 모델링 과제를 수행하고 만들어진 해석용 모델링을 이용하여, 동적구조해석 경계조건(구속조건)을 적용 하여 동적구조해석을 수행하고, 해석결과를 주어진 보고서의 양식에 따라 작성하시오.

나. 보고서를 작성할 때 필요한 그림 캡처는 주어진 모델을 기준으로 결과가 잘 나타날 수 있는 등각 View로 나타내시오.

다. 모드 해석을 수행하고 그 결과를 보고서 양식에 따라 작성하시오.

    1) 아래 형상과 다음 고려사항을 참조하여 경계조건(구속 조건)을 부여하고 해석을 수행하시오.

       - 동적구조해석에 다음과 같은 경계조건을 부여하시오.

         a. ①의 4군데 초록색 Hole 내부 면의 모든 자유도 구속

           (경계 조건에 대한 표현은 사용하는 S/W에서 제공하는 기능 이용)

    2) 동적구조해석을 수행하고 그 결과를 보고서 양식에 따라 작성하 시오.

       - 모드의 추출개수:1차 모드부터 3차 모드까지 추출함

a. 지시된 경계조건이 적용되어 나타난 등각 View
b. 모드 형상(mode shape)의 등각 View (변형 전 형상/변형 후 형상을 동시에 표시하도록 캡처하여 보고서 Template에 삽입할 것)
c. 추출된 모드의 주파수

01 파일 불러오기
앞서 진행한 파일을 연다.

02 고유진동수 스터디 작성
고유진동수 해석유형으로 선택하여 동적구조해석 스터디를 작성한다.

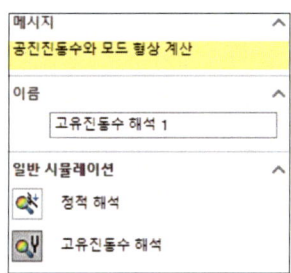

03 스터디속성 설정
동적구조해석 스터디를 오른쪽 클릭하여 속성을 선택한다. 옵션에서 처음 세 개의 고유진동수를 계산하도록 3을 진동수로 입력한다.

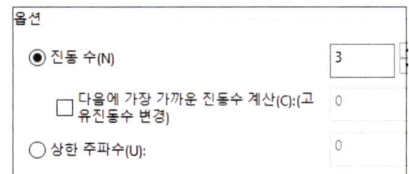

04 재질속성 검토
사용자 재질에서 이미 부여된 속성이 SOLIDWORKS모델에서 자동으로 이전된다.

05 구속정의
고정 지오메트리 구속을 초록색4 Hole 내부 면에 적용하고 해당 이미지를 캡쳐한다.

06 모델 메시
유한요소모델 스터디 탭의 메시 정보를 우 클릭 후 복사한다.
열전달 스터디의 메시에 붙여넣기 한다.
(곡률 기반 메시 슬라이드 우측 끝으로 설정한다.)

07 해석 수행

08 고유진동수 확인
결과 폴더를 우측 클릭후에 "공진진동수 표시" 클릭하여 확인한다.

09 결과 폴더

　　작성된 1차 mode shape를 클릭한다.
　　작성된 2차 mode shape를 클릭한다.
　　작성된 3차 mode shape를 클릭한다.

〈동적 구조해석 : 해석결과 보고서 작성 사항〉

a. 지시된 <u>경계조건</u>이 적용되어 나타난 등각 View	동적 구조해석 결과
	b. MODE SHAPE(1~3차모드)
• ①의 4군데 초록색 표시면의 모든 자유도 구속	c. 고유 주파수 : 1st : 1012.8 Hz 　　　　　　　　2nd : 1013.0 Hz 　　　　　　　　3rd : 1865.1 Hz

Chapter

03

정적 구조 해석

01 플라이어(수공구)의 접촉 조건

[1과제 - 정적 구조 해석 유한요소모델]

가. 주어진 3D CAD 데이터를 이용하여 정적구조해석을 위한 유한요소모델을 생성하고 요소모델의 정보를 제공된 보고서 양식에 따라 작성하시오.

※ CAD 모델(SOLIDWORKS 부품 4EA로 구성된 조립품)

나. 제출보고서에는 주어진 모델을 기준으로 결과를 가장 잘 표현할 수 있는 등각 view로 나타내시오.

다. 구조해석을 위한 유한요소모델은 다음과 같이 생성하시오.
- 기본 Mesh size는 곡률기반 슬라이드 오른쪽으로 설정할 것.
- 10절점 4면체요소 고차요소(10-Noded 3D Tetrahedral Element) 를 사용할 것.
- 모든 부품의 재질은 프로그램의 Plain carbon steel (보통 탄소강)을 적용할 것.
- 부품 접촉 조건은 파트나 어셈블리 접촉 조건의 근접 상호 작용을 나타낼 것.
- 해석 결과에 영향이 미미한 1EA 부품을 해석에서 제외할 것.

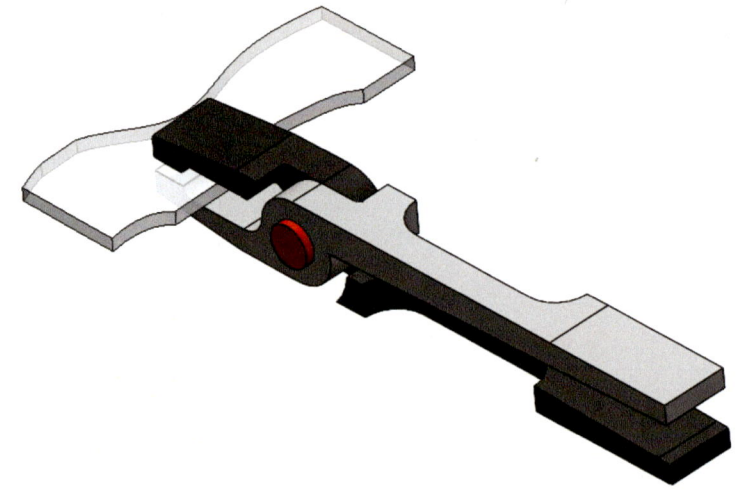

[2과제 - 정적구조해석 해석 결과]

가. 1과제 해석용모델링 과제를 수행하고 만들어진 해석용모델링을 이용하여, 정적구조해석 경계조건(하중조건, 구속조건)을 적용 하여 정적구조해석을 수행하고, 해석결과를 주어진 보고서의 양 식에 따라 작성하시오.

나. 보고서를 작성할 때 필요한 그림 캡처는 주어진 모델을 기준으로 결과가 잘 나타낼 수 있는 등각 View로 나타내시오.

다. 각종 결과값은 지시한 단위를 기준으로 소수점 이하 3자리까지 쓰시오.
　1) 아래 형상과 다음 고려사항을 참조하여 경계조건(하중조건, 구속 조건)을 부여하고 해석을 수행하고 최대 응력을 구하시오.
　　- 정적구조해석에 다음과 같은 경계조건을 부여하시오.
　　　a. ①의 각 조 끝의 대목 접촉 면의 모든 자유도 구속
　　　b. ②의 각 암의 끝의 각각 225N 적용
　　　c. 해석 대상의 자중은 무시
　2) 정적구조해석을 수행하고 그 결과를 보고서 양식에 따라 작성하시오.
　　- 해석 결과 보고서 작성 사항
　　　a. 지시된 경계조건이 적용되어 나타난 등각 View (경계 조건에 대한 표현은 사용하는 S/W에서 제공하는 기능 이용)
　　　　- 경계조건 항목 리스트(적용한 경계조건을 간략하게 명시)
　　　b. Y방향 변형량의 최대값과 그 방향 및 크기를 확인할 수 있는 View (변형 전 형상/변형 후 형상을 동시에 표시하도록 캡처하여 보고서 Template에 삽입하고, 변형 량 값이 표시된 범례를 포함시킬 것)
　　　　- 변형 량의 최대값과 암의 두 끝이 만나는 최소 하중 계산 (선형 해석을 근거)
　　　d. 응력표시는 Nodal 값의 평균값을 사용하여 발생하는 von-Mises Stress의 최대값과 그 위치 및 크기를 알 수 있는 분해도 View (발생 응력의 최대값이 위치 한 곳을 확인할 수 있는 형상을 캡처하여 보고서에 삽입하고 응력 값이 표시된 범례를 포함시킬 것)
　　　d. 최적의 두께에서 항복 강도를 기준으로 한 안전율 (Safety Factor)

01 어셈블리 파일 열기
　　[플라이어] 파일을 불러온다.

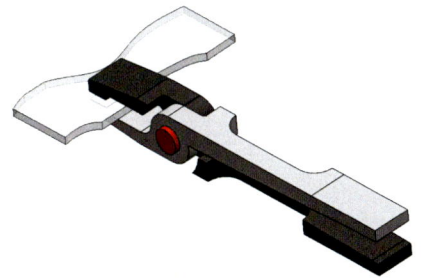

02 플랫 파트 기능 억제

디자인 트리에서 [flat] 파트를 해석에서 기능 억제한다.

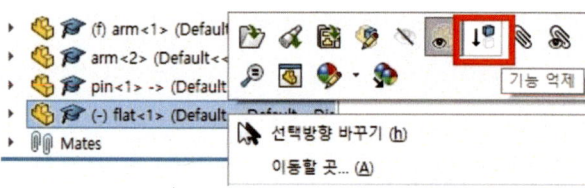

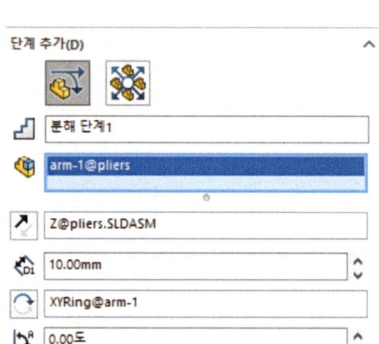

03 분해도 작성

어셈블리의 분해도 아이콘을 클릭한다.

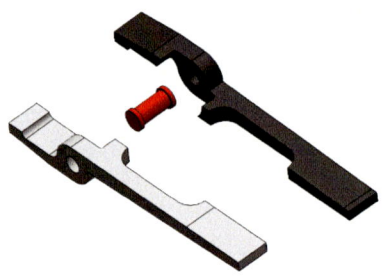

04 스터디 작성

정적 구조해석을 클릭하고 이름에 플라이어라고 기입한후 확인을 클릭한다. 어셈블리에 해석할 파트가 세개 있으므로 Parts 폴더에 세 개의 부품이 표시된다.

05 전체에 재질 적용

전체 재질 부가를 클릭하고 Plain Carbon Steel(보통 탄소강)을 선택한다. 적용을 클릭하고 닫기를 클릭한다.

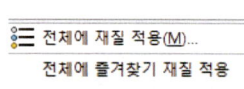

06 기존 간섭 확인

도구, 평가, 간섭 검사를 클릭하고 옵션대화상자에서 일치 조건 간섭으로 간주를 선택하고 계산을 클릭한다. 어셈블리에서 세 개의 면 세트가 접촉한다. 확인을 클릭한다.

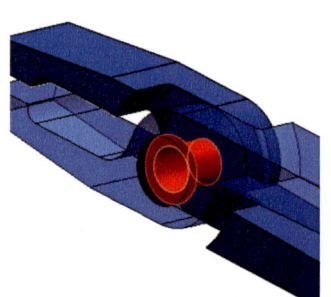

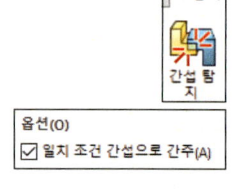

1.1 조립품의 접촉 조건

어셈블리를 해석할 때 연산 모델의 접촉하는 방식을 이해해야 한다. 파트가 당겨져 분리되거나 서로 관통되고 곡면이 서로 접촉해 이동하는 다양한 상황을 고려해야 한다.

- 어셈블리 스터디 : 연결이라는 폴더가 Simulation 스터디 트리에 추가된다.
  이 폴더는 어셈블리 부품의 상호작용 방법을 정의하는데 사용된다.

- 부품 접촉에 사용할 수 있는 옵션은 본드 결합, 접촉, 구속 없음이다.
  아래와 같은 양지지 되어 있는 2개의 외팔보가 서로 접촉되어 있다.
  중앙에 변형을 일으키는 하중을 부여하였을 때의 접촉 조건에 따른 변형 결과이다.

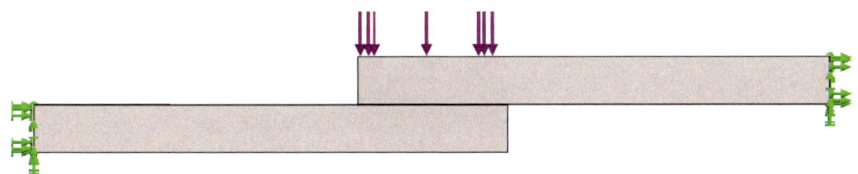

조건	구조물 결과 이미지
본드 결합 • 위 아래 부품이 같이 변형 발생	
접촉 • 위 아래의 부품이 서로 다르게 변형	
구속 없음 • 아래의 부품 중 부품을 뚫고 지나감	

- 본드 결합 : 기본값이며, 모든 접촉면이 본드로 결합되고, 어셈블리가 하나의 파트로 동작하는 경우에 선택한다. 본드로 결합된 파트와 어셈블리간의 유일한 차이점은 어셈블리에서는 개별 부품에 다른 재질 속성을 지정할 수 있다는 것이다.
- 접촉 : 접촉 부품이 흩어질 수 있지만 서로 관통할 수 없는 경우에 선택한다. 구성 요소들간에 구조적 연결이 없고 조립품이 붙어 있지 않은 경우에 적용한다.
- 구속없음 : 어셈블리가 구조적으로 연결되지 않는 일련의 분리된 부품인 경우에 선택한다. 접촉하는 면들이 서로 독립적이고, 서로를 침범하지 않을 때 적용한다.
- 부품 접촉의 기본 설정 : 최상위 수준 어셈블리에 접촉하는 모든 면 사이를 본드로 결합한다. 전체 접촉은 최상위 수준의 어셈블리에 적용되어 모든 접촉에서 활성화된다.

07 최상위 수준 부품 접촉 옵션 변경

부품상호작용의 전체 상호 작용을 편집한다.
모델이 하중을 받아 변형될 동안 암의 상대적 움직임이 허용되도록 기본 부품 접촉 조건을 접촉으로 변경한다.
확인을 클릭한다.

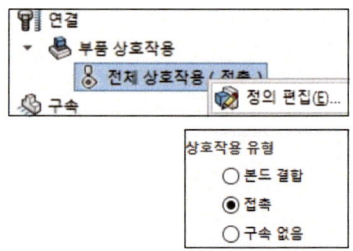

08 모델 메시

메시 작성을 클릭한다. 곡률기반 메시를 지정하고 슬라이더는 오른쪽 끝으로 메시한다.
최대요소는 4.912 mm , 최소 크기는 0.982mm, 원안에서 최소 요소수가 8, 비율이 1.4이다.

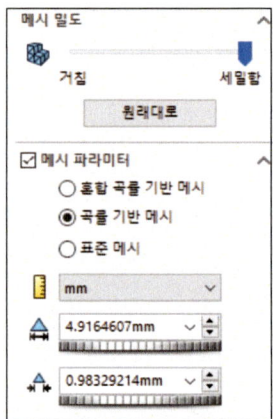

09 고정 구속 조건 적용

고정 지오메트리를 클릭한다. 조의 내부 두개를 선택한다. 확인을 클릭한다.
적용된 구속 조건은 기능 억제된 압착 상태의 flat 조건을 시뮬레이션한다. 이 조건은 플라이어의 조로 평판을 잡았을 때 미끄러지지 않음을 가정한다.

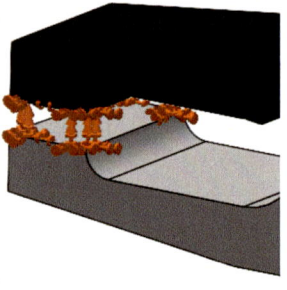

10 핸들에 하중 적용

하중을 클릭한다. 핸들 끝의 양쪽 면을 모두 선택한다. 225N을 지정한다.

각 면에 하중을 적용하기 위해 항목당을 클릭하고 면에 수직으로 작용하는 하중을 나타내기 위해 수직을 선택한다.

확인을 클릭한다.

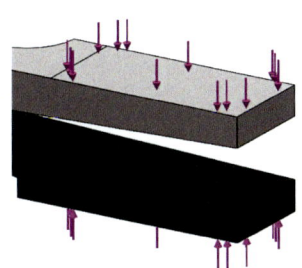

11 분해도 전환

설정에서 분해도로 전환한다.

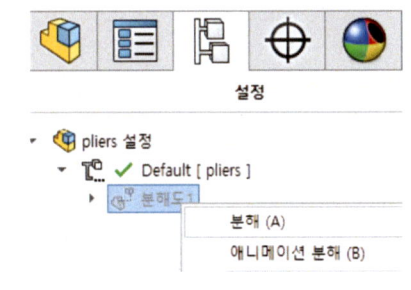

12 해석 실행

실행을 클릭한다.

13 von Mises 응력 플롯

응력 1을 클릭하여 von Mises 응력을 본다.

응력 1을 의 정의 편집 중에서 단위를 MPa로 변경한다. 최대 응력은 165 MPa 이다.

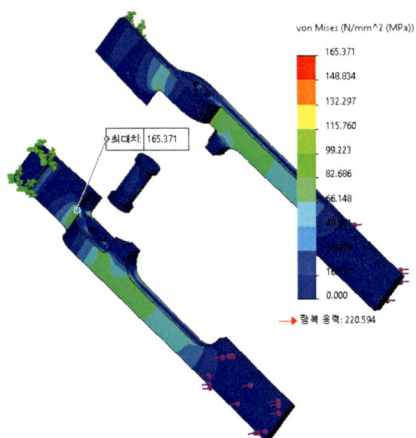

14 플롯 변경

설정 탭으로 이동하여 등고선 옵션 아래에서 불연속을 선택한다.

고급 옵션의 선택한 요소에서만 플롯표시 체크한다.

하단의 바디로 전환한다.

Arm-1을 부품을 피쳐 매니저의 부품의 바디를 선택한다.

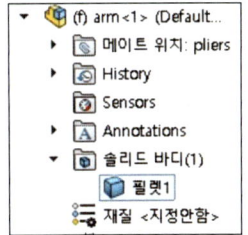 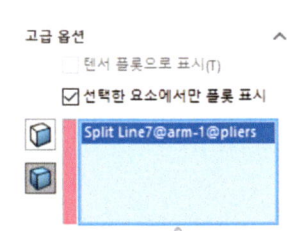 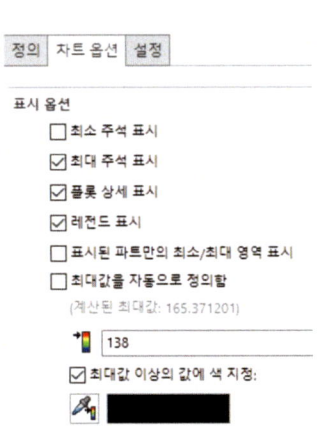

15 설계응력 정의

설계값이 138MPa를 설계 결과에 표시한다.
최대값을 자동으로 정의함을 체크 해제한다.
138을 입력한다.
최대값 이상에 색 지정을 클릭한다.
검은색을 선택한다.
설정 탭으로 이동하여 등고선 옵션 아래에서 불연속을 선택한다.
확인을 클릭한다.

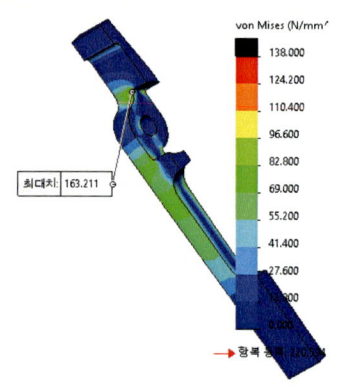

16 응력 결과

적용하게 되면 최대 응력이 165 MPa이므로 초과 응력이 발생하는 부분은 검은색으로 표현된다.

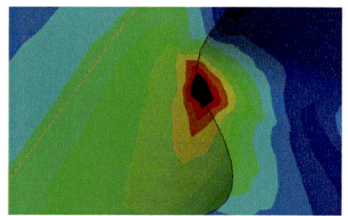

17 어셈블리 조립

설정으로 전환 후 분해도에서 조립한다.

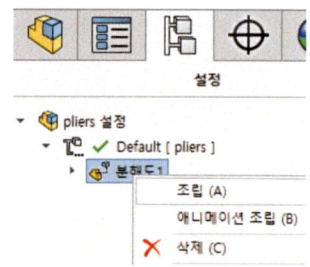

18 UY: Y 변위 플롯 작성

두 핸들의 끝을 모으는 힘을 확인하려면 변위의 y부품을 보여주는 변위 플롯을 작성해야 한다. 변위 플롯 정의를 클릭한다. UY를 변위 부품으로 선택하고 mm를 단위로 선택한다. 변형 형상 아래에서 실제 배율을 선택한다.

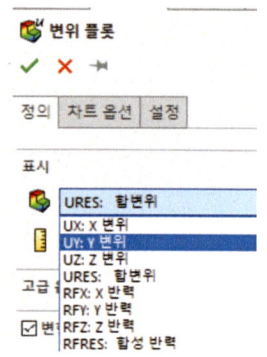

19 암의 두 끝의 거리 계산

UY-Y변위에서 225N의 하중을 받을 때 0.72mm만큼 y축으로 이동함을 확인한다.

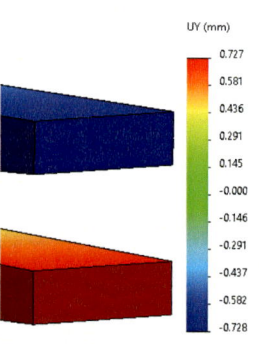

20 암의 두 끝의 거리 측정

구조적 하중이 가해진 하중과 비례하는 것으로
간주하는 선형 해석의 기본 이론을 기반으로 한다.
두 모서리 사이의 거리를 측정하면 15.24mm 이다.
위 아래 두 모서리가 닿으려면 15.24mm 의 거리를
좁히는 힘이 필요하다.

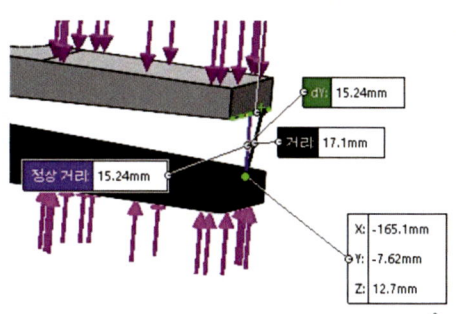

21 암의 두 끝이 만나는 최소 하중 계산

두 끝 사이의 거리는 2*0.72=1.44mm 만큼 감소한다.
원래의 거리가 15.24mm 이므로 하중 크기는
다음 계수만큼 증가해야 한다.
15.24/1.44 =10.5 이므로 , 두 끝이 접촉하게 하는
최소 하중은 10.5*225N = 2362 N이다.

〈정적 구조해석 : 해석 결과 보고서 작성 사항〉

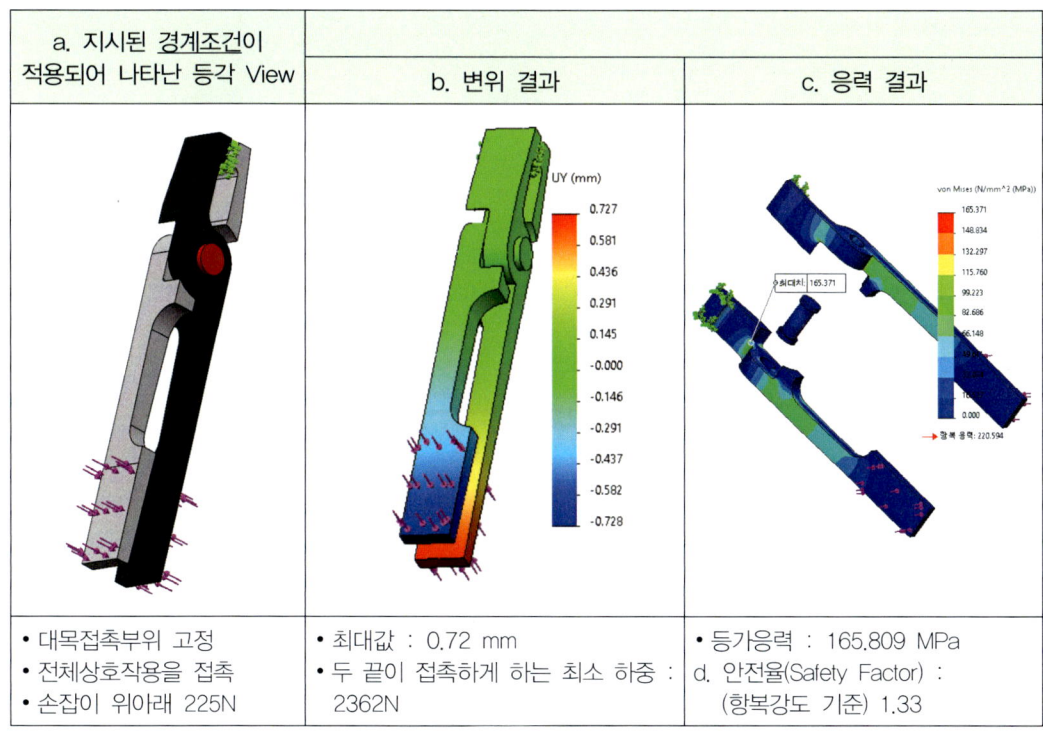

a. 지시된 <u>경계조건</u>이 적용되어 나타난 등각 View	b. 변위 결과	c. 응력 결과
• 대목접촉부위 고정 • 전체상호작용을 접촉 • 손잡이 위아래 225N	• 최대값 : 0.72 mm • 두 끝이 접촉하게 하는 최소 하중 : 2362N	• 등가응력 : 165.809 MPa d. 안전율(Safety Factor) : 　(항복강도 기준) 1.33

02 농구대의 지지대

[1과제 - 정적 구조 해석 유한요소모델]

가. 주어진 3D CAD 데이터를 이용하여 정적구조해석을 위한 유한요소모델을 생성하고 요소모델의 정보를 제공된 보고서 양식에 따라 작성하시오.

※ CAD 모델(2EA로 구성된 조립품)
아래 그림은 네 개의 볼트로 백보드에 부착되는 농구 골대에 대한 그림이다. 농구 골대에 가해지는 하중을 시뮬레이션하기 위해 농구 골대의 한 부분에 수직 하중을 적용한다.

나. 제출보고서에는 주어진 모델을 기준으로 결과를 가장 잘 표현할 수 있는 등각 view로 나타내시오.

다. 구조해석을 위한 유한요소모델은 다음과 같이 생성하시오.
- 기본 Mesh size는 곡률 기반 슬라이드 기본으로 설정할 것.
- 10절점 4면체요소 고차 요소(10-Noded 3D Tetrahedral Element) 를 사용할 것.
- 모든 부품의 재질은 프로그램의 보통 탄소강(Plain Carbon Steel) 을 적용할 것.
- 부품 접촉 조건은 파트나 어셈블리 접촉 조건의 근접 상호 작용을 나타낼 것
- 볼트 컨넥터 4EA의 재질은 AISI 304 사용할 것.
- 볼트 머리부와 너트의 머리부의 크기는 일치할 것.
- 볼트의 축하중은 500N을 적용할 것

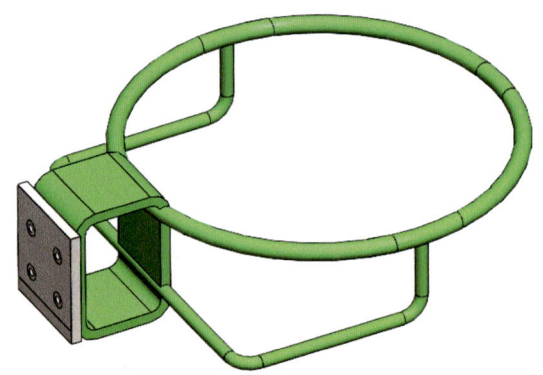

[2과제 - 정적구조해석 해석 결과]

가. 1과제 해석용모델링 과제를 수행하고 만들어진 해석용모델링을 이용하여, 정적구조해석 경계조건(하중조건, 구속조건)을 적용 하여 정적구조해석을 수행하고, 해석결과를 주어진 보고서의 양 식에 따라 작성하시오.

나. 보고서를 작성할 때 필요한 그림 캡처는 주어진 모델을 기준으로 결과가 잘 나타낼 수 있는 등각 View 로 나타내시오.

다. 각종 결과값은 지시한 단위를 기준으로 소수점 이하 3자리까지 쓰시오.
  1) 아래 형상과 다음 고려사항을 참조하여 경계조건(하중 조건, 구속 조건)을 부여하고 해석을 수행하고 최대 응력을 구하시오.
    - 정적구조해석에 다음과 같은 경계조건을 부여하시오.
      a. Board 의 하단 사각면에 고정구속
      b. 볼트 컨넥터 4EA 활용
      c. 농구 골대의 끝 부분에 200N의 수직 하중을 적용
      d. 해석 대상의 자중은 무시
  2) 정적구조해석을 수행하고 그 결과를 보고서 양식에 따라 작성하시오.
    - 해석 결과 보고서 작성 사항
      a. 접촉된 위치가 나타난 등각 View (경계 조건에 대한 표현은 사용하는 S/W에서 제공하는 기능 이용)
        - 접촉된 위치 리스트 (적용한 경계조건을 간략하게 명시)
      b. 변형 량의 최대값과 그 방향 및 크기를 확인할 수 있는 View (변형 전 형상/변형 후 형상을 동시에 표시하도록 캡처하여 보고서 Template에 삽입하고, 변형 량 값이 표시된 범례를 포함시킬 것)
      c. 응력 표시는 Nodal 값의 평균값을 사용하여 발생하는 von-Mises Stress의 최대값과 그 위치 및 크기를 알 수 있는 View (발생 응력의 최대값이 위치 한 부품만을 확인할 수 있는 형상을 캡처하여 보고서에 삽입하고 응력 값이 표시된 범례를 포함시킬 것)

01 어셈블리 파일 열기
    폴더에서 [농구대] 조립품을 연다.

02 어셈블리 설명 및 옵션 설정
    이상적인 고소작업대를 표현한다.
    시뮬레이션> 옵션> 기본 옵션의 전체 단위계를 SI(MKS)로 설정하고, 길이는 mm, 응력은 N/mm^2으로 설정한다.

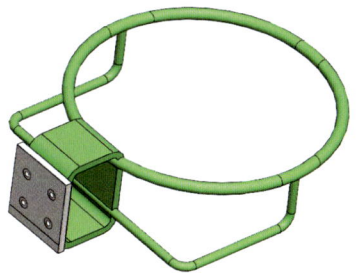

03 재질 지정

모든 부품의 재질은 보통 탄소강(Plain Carbon Steel)을 지정한다.

04 정적 해석

정적 해석을 시작한다.

05 어셈블리 접촉 조건

평가의 간섭검사에서 옵션의 일치조건 간섭으로 간주를 체크 후에 계산한다. Board 와 Rim 사이에 존재하는 접촉면을 확인한다.

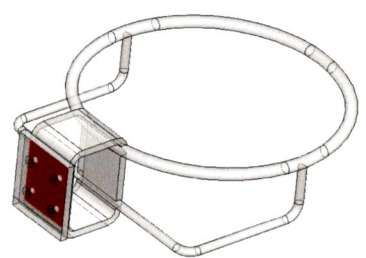

해당 접촉면을 본드접촉에서 접촉으로 변경한다.

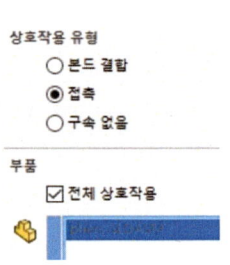

2.1 볼트 컨넥터

두 부품 사이, 여러 부품 또는 부품과 바닥 사이에서 볼트 컨넥터를 정의한다. 너트가 있는 경우와 없는 경우를 지원하고, 볼트의 재질을 선택하고, 예비 하중 옵션에서 직접 재질 사양을 사용할 수 있다.

06 볼트 컨넥터

연결의 볼트를 클릭한다.

Rim 부품의 구멍 모서리 선을 클릭하고 반대쪽의 Board 부품의 구멍 모서리 선을 클릭한다.

같은 머리 모양과 너트 지름을 체크하고 볼트 머리는 18mm사용하고 생크 직경은 8mm를 입력한다.

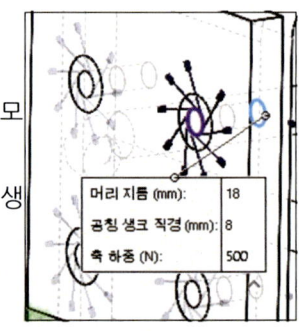

07 볼트의 재질

재질의 라이브러리를 클릭하고 AISI 304 재질을 선택한다.

08 볼트의 예비 하중

예비 하중의 축 방향을 선택하고 500N을 입력한다.
나머지 3EA 구멍 요소에도 위의 과정을 반복한다.

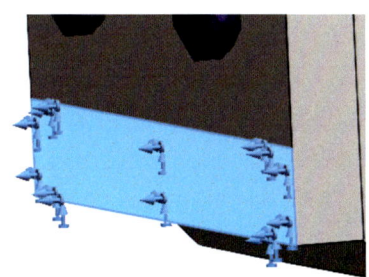

09 지지 조건

Board 뒷면 하단의 면에 고정 지오메트리를 부여한다.

10 하중 조건

선택된 방향에 윗면을 클릭한다.
면에 수직방향을 클릭하고 반대방향 체크한다.
Rim의 끝 부분에 하중 500N을 부여한다.

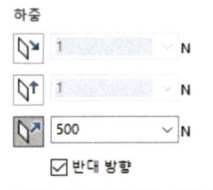
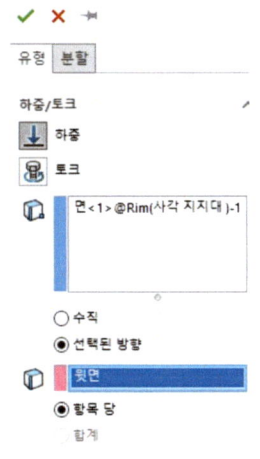
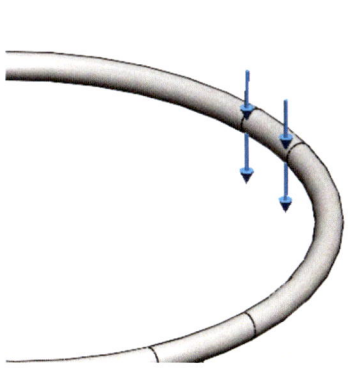

11 메시

곡률 기반 메시를 기본으로 설정한다.

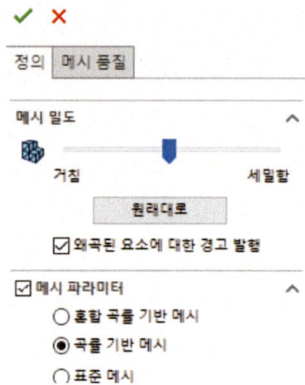

12 해석 실행

13 응력 결과

최대 응력이 135.3 MPa이다.
사각 지지대에서 발생한다.

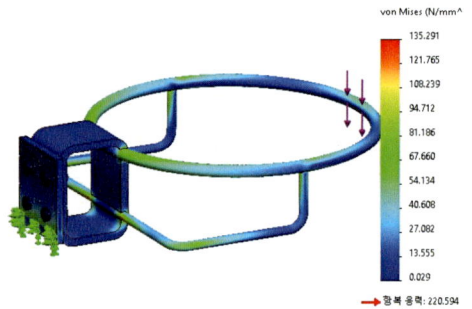

14 변위 결과

최대 변위가 5.85mm이다.

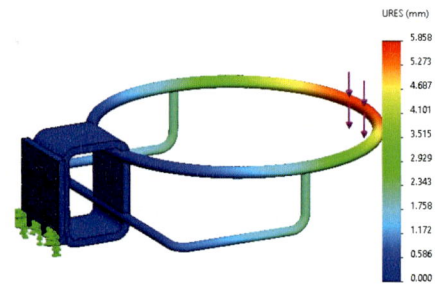

15 안전 계수 설정

1단계에서 최대 von-Mises응력으로 설정한다.
안전계수 상한치 설정을 체크하고 10으로 설정한다.
3단계에서 안전계수 미달영역을 체크하고
2로 설정하여 2미만인 위치를 확인한다.

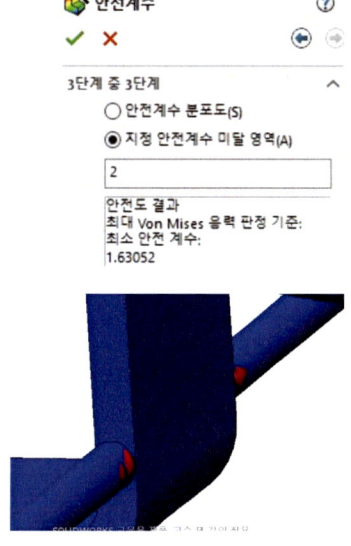

<2과제-정적 구조 해석 결과>

a. 어셈블리에서 접촉된 위치 확인	정적 구조해석 결과	
	b. 변위결과	c. 응력결과
(이미지)	(이미지)	(이미지)
• 접촉 위치 : Board와 Rim사이에 1EA 요소	• 최대값 : 5.85mm	• 등가응력 : 135.3 MPa d. 안전율 : 1.63

03 시저형 고소 작업대의 반력

[1과제 - 정적 구조 해석 유한요소모델]

가. 주어진 3D CAD 데이터를 이용하여 정적구조해석을 위한 유한요소모델을 생성하고 요소모델의 정보를 제공된 보고서 양식에 따라 작성하시오.
   ※ CAD 모델(3EA로 구성된 고소 작업대 조립품)

나. 제출보고서에는 주어진 모델을 기준으로 결과를 가장 잘 표현할 수 있는 등각 view로 나타내시오.

다. 구조해석을 위한 유한요소모델은 다음과 같이 생성하시오.
   - 기본 Mesh size는 곡률 기반 슬라이드 기본으로 설정할 것.
   - 10절점 4면체요소 고차 요소(10-Noded 3D Tetrahedral Element) 를 사용할 것.
   - 접촉면의 메시 계산은 공통 노드를 강제 적용 할 것.
   - 모든 부품의 재질은 프로그램의 보통 탄소강(Plain Carbon Steel) 을 적용할 것.
   - 해석 결과의 간소화를 위해 BASE 부품을 해석에서 제외하고 가상 벽을 활용할 것
   - 가상 벽은 강체 조건을 전제하고, 마찰계수는 고려하지 않을 것
   - 부품 접촉 조건은 파트나 어셈블리 접촉 조건의 근접 상호 작용을 나타낼 것

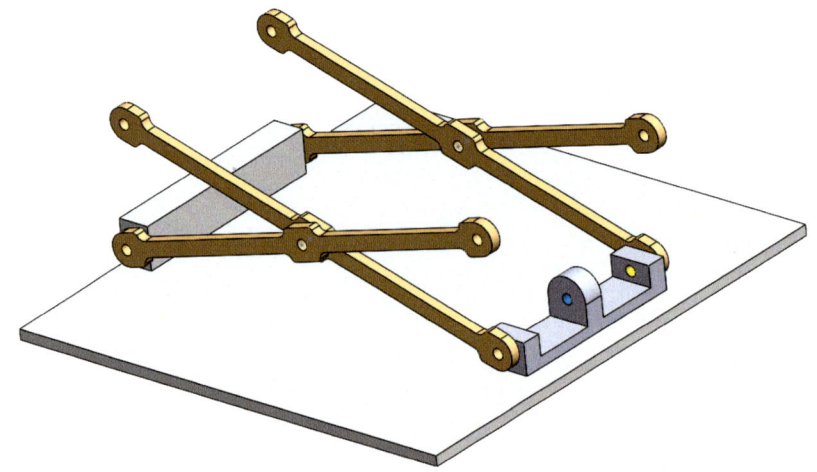

[2과제 - 정적구조해석 해석 결과]

가. 1과제 해석용모델링 과제를 수행하고 만들어진 해석용모델링을 이용하여, 정적구조해석 경계조건(하중조건, 구속조건)을 적용 하여 정적구조해석을 수행하고, 해석결과를 주어진 보고서의 양 식에 따라 작성하시오.

나. 보고서를 작성할 때 필요한 그림 캡처는 주어진 모델을 기준으로 결과가 잘 나타날 수 있는 등각 View 로 나타내시오.

다. 각종 결과값은 지시한 단위를 기준으로 소수점 이하 3자리까지 쓰시오.
   1) 아래 형상과 다음 고려사항을 참조하여 경계조건(하중 조건, 구속 조건)을 부여하고 해석을 수행하고 최대 응력을 구하시오.
      - 정적구조해석에 다음과 같은 경계조건을 부여하시오.
         a. 베이스에 연결된 두 원통 면 고정 힌지 구속
         b. 핀 컨넥터 4EA 활용
         c. 슬라이더 부품의 가운데 원통(러그)면에 X축 (피스톤 방향) 으로만 자유도 제한
         d. lift 부품 상단의 4EA의 원통 면에 각각 450 N 을 아래 하중 방향 적용
         c. 해석 대상의 자중은 무시
   2) 정적구조해석을 수행하고 그 결과를 보고서 양식에 따라 작성하시오.
      - 해석 결과 보고서 작성 사항
         a. 지시된 경계조건이 적용되어 나타난 등각 View (경계 조건에 대한 표현은 사용하는 S/W에서 제공하는 기능 이용)
            - 경계조건 항목 리스트 (적용한 경계조건을 간략하게 명시)
         b. 변형 량의 최대값과 그 방향 및 크기를 확인할 수 있는 View (변형 전 형상/변형 후 형상을 동시에 표시하도록 캡처하여 보고서 Template에 삽입하고, 변형 량 값이 표시된 범례를 포함시킬 것)
         c. 응력 표시는 Nodal 값의 평균값을 사용하여 발생하는 von-Mises Stress의 최대값과 그 위치 및 크기를 알 수 있는 View (발생 응력의 최대값이 위치 한 부품만을 확인할 수 있는 형상을 캡처하여 보고서에 삽입하고 응력 값이 표시된 범례를 포함시킬 것)
         d. 슬라이더 원통(러그)면의 반력 값을 기입

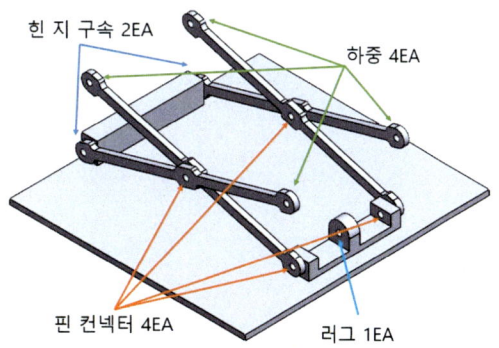

01 어셈블리 파일 열기
폴더에서 Lift 을 연다.

02 어셈블리 설명 및 옵션 설정
이상적인 고소작업 지지대를 표현한다.
전체 단위계를 SI(MKS)로 설정하고, 길이는 mm,
응력은 N/m^2으로 설정한다.

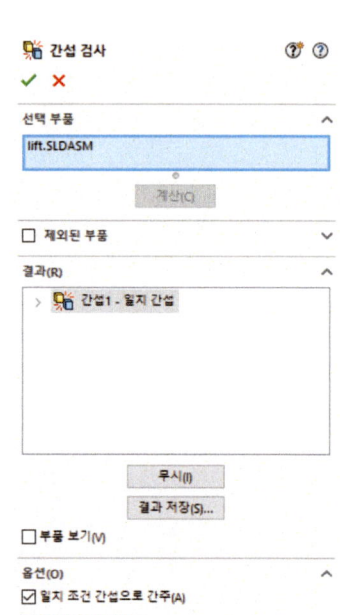

03 정적 해석
정적 해석을 시작한다.

04 재질 지정
모든 부품의 재질은 보통 탄소강(Plain Carbon Steel)을
지정한다.

05 어셈블리에서 모든 접촉 찾기
평가의 간섭검사에서 옵션의 일치조건 간섭으로 간주를
체크 후에 계산한다.
베이스와 슬라이더 사이에 1ea 요소에 존재하는 접촉면을 확
인한다.
전체 상호작용에서 본드결합에서 접촉으로 변경한다.

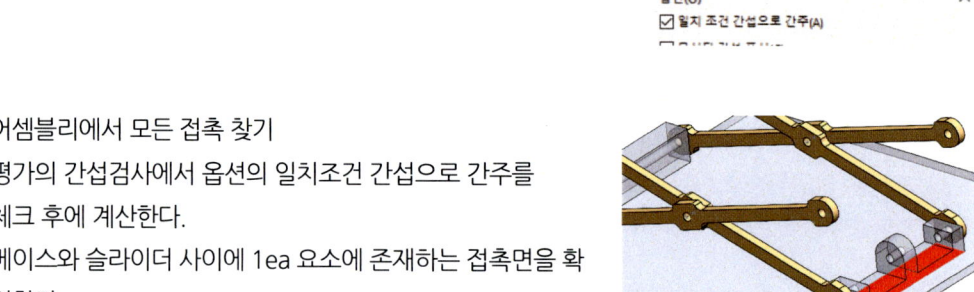

06 해석에서 베이스 파트 제외
파트의 해당 부품을 선택 후에 마우스 우 클릭한다.
해석에서 제외를 클릭한다.

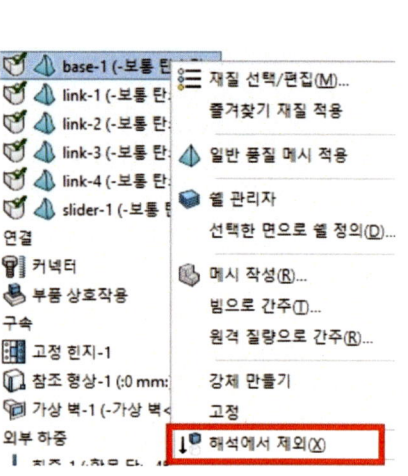

07 가상벽 정의

가상벽 생성을 위한 사전작업으로 모델에서 슬라이더의 아랫면과 동일한 평면을 생성한다.

슬라이더의 아랫면을 지정하고, 새롭게 만든 평면을 대상 평면으로 지정한다.

마찰계수를 0.1로 지정한다.

벽 유형아래에서 강체를 선택한다.

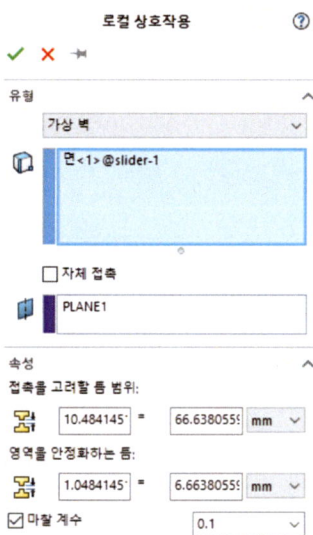

08 힌지 구속 조건 정의

구속의 고정 힌지 조건을 사용하여 베이스 부품이 변형되지 않는 딱딱한 재질로 가정한다.

베이스와 연결된 두개의 원통면을 선택한다.

힌지 구속조건은 원통형 곡면과 연관된 방사형과 축이동의 기능을 억제한다.

이는 원통면상 유형을 사용하여 똑같은 구속조건을 정의할 수 있다.

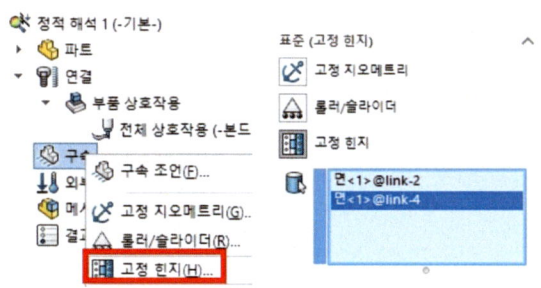

3.1 핀 컨넥터

핀 컨넥터는 변형이 진행이 되는 동안 두 개의 원통면이 동축을 유지하도록 해준다.

두 면을 변형이 허용되지 않으며, 변형이 진행되는 동안 원통형을 유지한다.

• 멈춤링(평행이동없음): 두 원통형 면이 서로에 대해 축 방향으로 이동할 수 없다.

- 키 있음(회전 없음) : 두 원통형 면의 서로에 대한 상대적인 축 방향 이동이 제거된다.
- 질량 포함 : 핀의 질량은 고유 진동수 해석의 경우에 포함될 수 있다.
- 축 및 회전강성 : 두 상대 변위가 구속되지 않으면, 두 방향의 선형 강성 값을 지정한다.

09 핀 커넥터 정의
  슬라이더 원통면과 같은 동심인
  링크의 원통면을 클릭한다.
  멈춤링(병진 없음)을 체크한다.
  나머지 3EA요소에도 똑같이 적용한다.

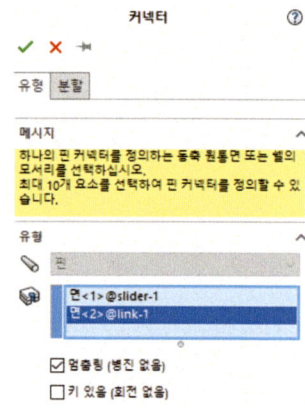

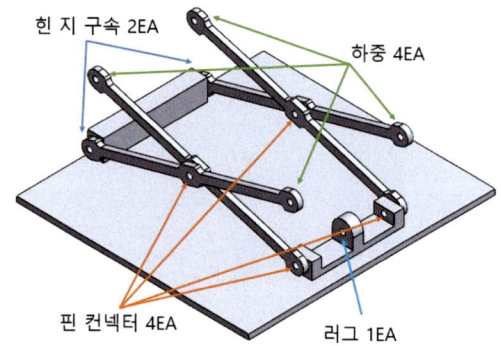

10 슬라이더 원통면의 구속조건 정의
  유압 실린더가 제공하는 지지대를 모델링하려면
  슬라이더의 원통면을 글로벌 x방향(피스톤방향)으로 구속한
  다. 참조형상사용 구속 조건을 사용하여 정의한다.
  슬라이더 원통면을 선택한다.
  우측면을 참조 평면으로 지정한다.
  우측면의 수직 방향을 구속한다.

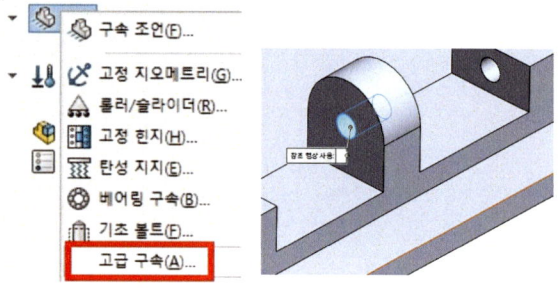

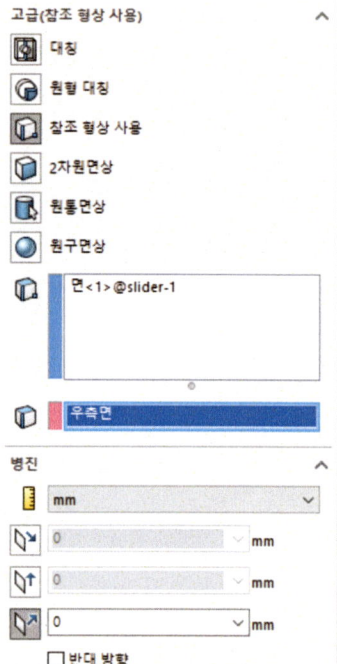

11 link 부품에 450N 하중 적용

링크 부품 네 개의 자유단에서 각각 450N의 아래 방향 하중을 정의한다. 결국 총 중량은 1800N이다.

선택한 방향을 선택하고 윗면을 클릭한다.

면에 수직방향을 체크하고 450N 을 반대방향으로 입력한다.

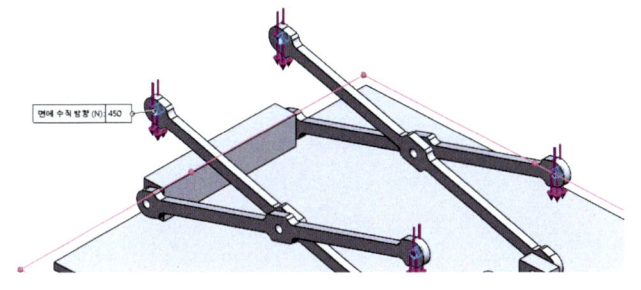
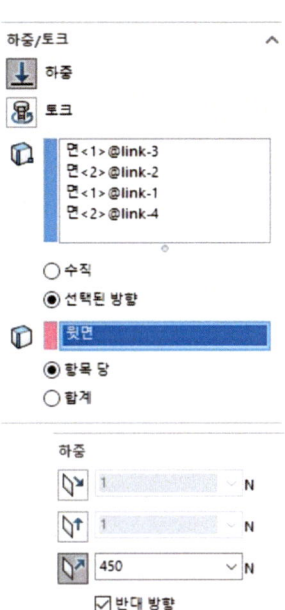

12 메시 작성

곡률기반 메시 기본 설정을 사용한다.

13 해석 실행

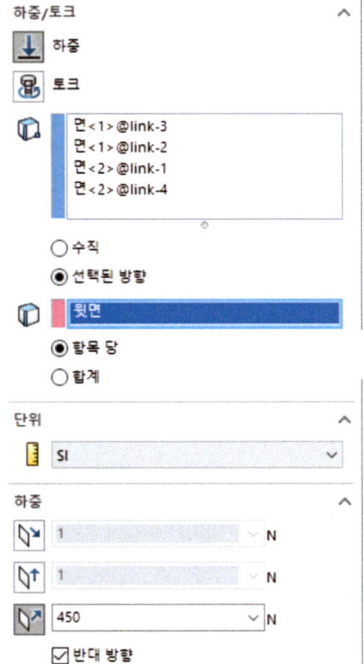

14 von Mises 응력 결과 플롯

최대 응력은 200 MPa이고 항복응력보다 약간 작다.

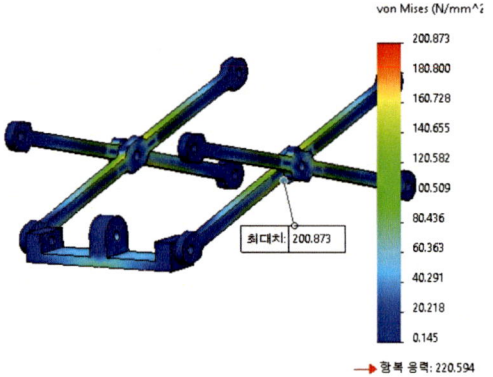

15 변위 결과 플롯

최대 변위는 예상대로 하중을 부여되는 위치에 3.7mm 발생한다.

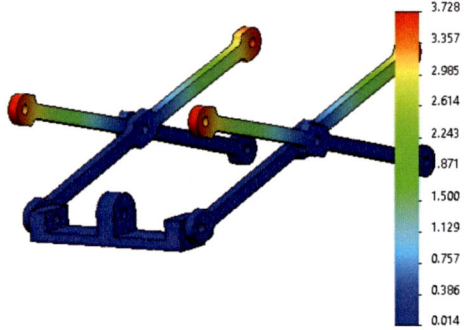

16 슬라이더 원통(러그)면 반력 표시

해석 결과폴더를 우클릭 후 결과 하중 표시를 클릭한다.
반력을 확인한다.
러그면을 클릭하고 업데이트한다.
유압 실린더의 방향인(-) 방향 6386N 의 반력이 발생한다.
이는 적절한 유압실린더의 스펙을 선정하는 데이터가 된다.

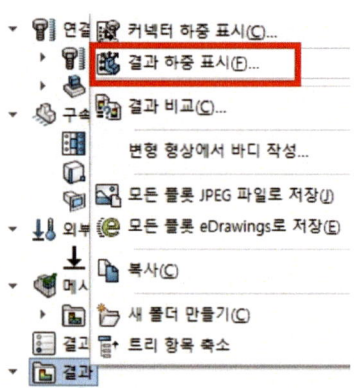
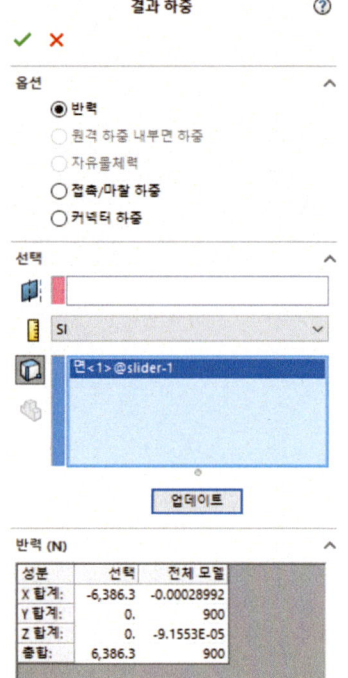

<2과제-정적 구조 해석 결과>

a. 지시된 경계조건이 적용되어 나타난 등각 View	정적 구조해석 결과	
	b. 변위결과	c. 응력결과
	최대값 : 3.7mm	등가응력 : 200 MPa (항복강도 기준) d. 슬라이더 러그 반력값 : 6386.3N
• 구속 : 초록 원통2면 고정힌지구속, 슬라이더초록원통1면X(-) 방향자 유도허용 • 연결 : 전체본드결합(공통노드포함) • 컨넥터 : 파란4EA 핀컨넥트 • 하중 : lift 부품상단의원통4면Y (-) 방향 각각450 N		

부록

[과정평가] 기계설계기사 지필 과년도 문제

01 2023년 2회

01. 다음을 보고 ○ × 체크하시오. (2점)
   미세먼지는 1급 발암 물질이다.
   1) ○   2) ×

02. 다음을 보고 ○ × 체크하시오. (2점)
   문제의 정의에 따라 선형 해석, 비선형 해석, 감쇠 유연체 해석으로 분류한다.
   1) ○   2) ×

03. 다음을 연결하시오. (2점)
   진원도   ○   ○   ⌀
   원통도   ○   ○   ⌒
   위치도   ○   ○   ⊕

04. 다음 단위를 연결하시오. (2점)

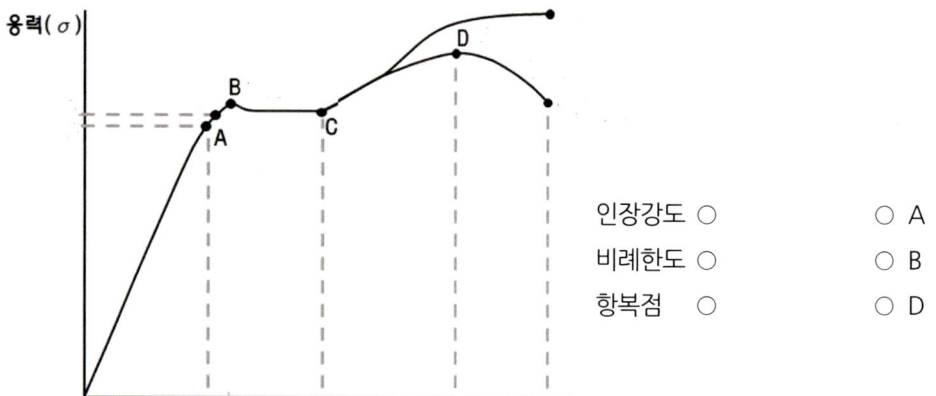

   인장강도 ○   ○ A
   비례한도 ○   ○ B
   항복점   ○   ○ D

---

01. 1)   02. 2)   03. 2 1 3   04. D A B

05. 다음 용어를 연결하시오. (2점)

MTBF ○　　　○ 장치 고장까지의 평균 시간 즉, 평균 고장 간격

MTBA ○　　　○ 작업자 지원이 필요하기까지의 평균 시간 즉, 평균 어시스터 간격

MTTR ○　　　○ 장치 수리를 위한 평균 시간 즉, 평균 고장 시간

4지선다 25EA (각 2점)

06. 두 축이 평행한 기어에서, 소음을 억제하기 위해 사용하는 기어는?
① 평기어　② 베벨기어　③ 헬리컬기어　④ 래크와 피니언

07. : Al-Cu-Mg-Mn 로 구성되고 항공기의 재료로 사용되는 것은?
① 두랄루민　② Y 합금　③ 실루민　④ 문쯔메탈

08. 최저 인장강도에 따라 4종으로 규정되어 있고, 특별한 기계적 성질이 필요하지 않은 구조물에 사용하는 강은?
① SS재　② SM재　③ SC재　④ SF재

09. 다이의 구멍보다 큰 단면의재료를 테이퍼 구멍을 가진다이(die)를 통과시켜 재료를 잡아당겨서 단면을 줄이는 가공법은?
① 압연　② 인발　③ 압출　④ 단조

10. 다음 해석용 모델링의 요소 품질에 대한 바른 설명이 아닌 것은?
① 종횡비는 요소의 가로 길이와 세로 길이의 비를 나타낸다.
② 뒤틀림은 요소의 평면에서 벗어난 정도를 나타낸다.
③ 테이퍼는 요소가 직사각형 형상에서 벗어난 정도를 기하적으로 계산한 것이다.
④ 비틀림은 요소의 인접한 두 면이 비틀린 정도를 나타내는 값이다.

11. 다음 물리적 표면 경화법에 대한 바른 설명이 아닌 것은?
① 화염 경화법의 산소-아세틸렌의 혼합 비율은 1:1이 가장 좋다.
② 화염 경화법의 국부 소입은 어렵다.
③ 고주파 경화는 급열, 급냉으로 인한 재료변형이 일어난다.
④ 고주파 경화는 질량효과 문제는 없다.

05. 1 2 3　06. ③　07. ①　08. ①　09. ②　10. ④　11. ②

12. 등속도가 2m/s 일때 10m 까지 걸리는 시간(s)은?
    ① 3　　　　　② 5　　　　　③ 10　　　　　④ 20

13. 세로변형율 0.002 이고, 변형량이 2 mm일 때 원래 길이는?
    ① 1m　　　　② 0.5m　　　③ 0.2m　　　　④ 0.1m

14. 다음 등가 응력에 대한 설명 중 틀린 것은?
    ① 응력 판정법은 등가응력을 주로 활용한다.
    ② 등가응력은 복잡한 3차원 모델에서 항복이나 파단을 판단하기 힘들다.
    ③ 등가응력이 항복강도보다 크면 탄성 변형이 발생하게 된다.
    ④ 등가응력을 통해 제품의 영구 변형을 판단한다.

15. 다음 중 자유도 개수가 다른 것은?
    ① 회전　　　　② 평면　　　　③ 나선　　　　④ 미끄럼

16. 중실축에서 축지름이 2배가 되면 비틀림강도는 몇배가 되는가?
    ① 2배　　　　② 4배　　　　③ 8배　　　　④ 16배

17. 다음 시간 조건일 때 가동율은? (소수점 둘째자리에서 올림)

    | 조업 시간이 50시간, 예정된 정지 시간이 5시간, 예정되지 않은 정지 시간이 5시간 |

    ① 0.6　　　　② 0.7　　　　③ 0.8　　　　④ 0.9

18. 재료시험에서 연강재료의 세로탄성계수가 210 GPa로 나타났을 때 푸아송비가 0.303이면 이 재료의 전단탄성계수 G는 몇 GPa인가?.
    ① 45.34　　　② 80.58　　　③ 89.56　　　④ 95.35

19. 열전달 해석시에 들어가야 할 물성치는?
    ① 열팽창계수　② 안전율　　　③ 압력　　　　④ 비열

20. 다음 설명 중 틀린 것은?
    ① 구조 해석을 통해 계산되는 스칼라 값으로는 strain energy, temperature, safety factor 등이 대표적인 값이다.
    ② 벡터 값의 도시는 유한 요소인 Element 또는 유한 요소를 구성하는 노드를 기준으로 계산된 값이

12. ②　13. ①　14. ③　15. ②　16. ③　17. ②　18. ②　19. ④　20. ③

크기와 방향을 갖는 데이터 형태를 도시하는 방법이다.

③ 3차원 형상 모델 위에 계산된 벡터 값을 요소 또는 노드를 기준으로 등고선 형태로 나타내는 경우가 많다.

④ 그래프를 통한 도시는 도시할 데이터가 일정 시점에서의 값이 아니라 시간 또는 다른 물리량의 변화에 따른 양상을 확인하고자 하는 경우 사용하는 방법이다.

21. 동적구조해석에서 예상과 결과가 다를 경우 확인해야 할 내용으로 옳지 않은 것은?
① 경계조건 확인
② 단위계 확인
③ 애니메이션의 프레임수를 확인한다.
④ 변위량 시각적 배율을 조율한다.

22. 자세공차, 모양공차, 흔들림공차, 위치공차등을 포함을 이것들은 무엇이라고 하는가?
① 치수공차   ② 끼워맞춤공차   ③ 기하공차   ④ IT공차

23. 동적구조해석수행시 입력해야할 고유 물성치가 아닌 것은?
① 밀도   ② 변형율   ③ 탄성계수   ④ 프아송의비

24. 요소를 조밀하게 할 부위가 아닌 것은?
① 변위가 급격하게 변하는 곳
② 응력이 급격하게 변하는 곳
③ 기하학적 형상이 급격하게 변하는 곳
④ 불필요한 필렛과 구멍이 많은 곳

25. 축 지름이 30mm, 보스 길이가 60mm일 때.....키의 전단응력을 구하시오.
힘 18000 [N*mm] (단, 키의 폭은 15mm)
① 1.3   ② 1.8   ③ 2.3   ④ 3.8

26. 운동하는 유체는 무수히 많은 수의 입자가 이동하고 있는데, 기준 면적을 통과하는 유체의 보편적 성질을 연구하는 방법은?
① 라그랑지안   ② 오일러   ③ 베르누이   ④ 나비에 스톡스

21. ④   22. ③   23. ②   24. ④   25. ①   26. ②

27. 3차원 빔요소의 2절점 자유도는?
    ① 12   ② 16   ③ 20   ④ 24

28. 칠드주철에 대한 설명 중 틀린 것은?
    ① 압연용 롤러나 열차의 바퀴에 사용한다.
    ② 내식성, 내마모성이 좋다.
    ③ 흑연화하여 주조성과, 절삭성이 좋고, 가단주철화 시킨다.
    ④ 급냉하여 백주철화 시킨다.

29. 합금공구강에 대한 설명 중 틀린 것은
    ① 탄소 공구강의 함유량은 0.6~1.5%이다..
    ② 스텔라이트에 들어가는 4가지 원소는 Cr ,Fe ,Si , S 이다.
    ③ 고속도공구강은 Cr, W, V 에 몰리브덴을 추가한다.
    ④ 합금공구강은 탄소공구강에 Cr, W, V, Mo 를 첨가하여 성능을 개선한 강이다.

30. 축 설계시 주요 고려해야 할 사항이 아닌 것은?
    ① 강도   ② 강성   ③ 안전율   ④ 마모

단답형 7EA (각 4점)

31. 당사자의 법률 행위를 보충하여 그 법률상의 효력을 완성시키는 행정 관청의 행정 행위를 말하며, 법인 설립이나 사업 양도 등을 예로 들수 있는 것은?

32. 동력을 통해 힘을 전달하거나 구성된 기계 요소 사이의 상대적인 운동이 가능하도록 강체 요소들이 링크 또는 조인트로 결합되어 있는 기계 장치는?

33. 알루미늄에 고정하는데 사용하며 크기가 정확하지 않아도 사용할 수 있고, 탄성을 이용하여 물체를 고정하는 핀의 이름은?

34. 1g의 물질을 1℃ 상승시키는데 필요한 열량은 어떤 성질인가?

27. ①   28. ③   29. ②   30. ④   31. 인가   32. 기구   33. 스프링핀   34. 비열

35. 영국, 미국, 캐나다의 협정에 의해 만들어진 나사로서 ABC 나사라고도 하고, 나사산 각이 60°인 인치계 삼각 나사로, [inch]단위를 사용하는 나사는?

36. 점성을 가진 유체는 외부의 힘 또는 압력을 받음으로써 운동을 하게 되는데, 눈으로 보기에 흐트러짐 없이 조용히 흘러가는 유동은?

37. 다음은 무엇에 대한 설명인가?

> 주로 가공 방식에 따라 다르게 나타나는 표면의 전체적인 무늬로 수평, 수직, 교차, 무방향, 동심원, 방사형 등이 있다

계산형 3EA (각 4점)

38. 다음과 같은 조건에서 리벳에 발생하는 전단 응력은? (소수점 둘째자리에서 반올림)

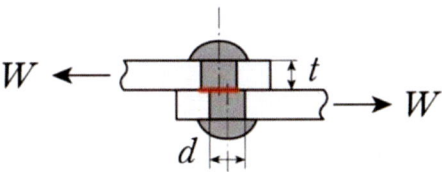

W : 2000N   t : 6mm   d : 8mm

〈풀이과정〉

〈답〉

---

35. 유니파이나사 36. 층류유동 37. 결 38. 39.8MPa

39. 후크의 법칙을 따라 탄성계수(GPa)를 구하시오. (소수점 둘째자리에서 반올림)

| 세로변형율 0.03 , 수직응력 500 MPa |

<풀이과정>

<답>

40. 다음과 같이 축의 외경(A)와 부시의 내경(B) 사이의 끼워 맞춤에서 최대 죔새가 0.20mm이고, 축의 공차가 0.30mm 일때 축의 최소 허용치수를 구하시오.

<풀이과정>

<답>

39. 17.7   40. 17.88

02 2023년 6회

01. 다음을 보고 ○ × 체크하시오. (2점)

솔리드 요소의 8절점 자유도는 20개이다.

1) ○   2) ×

02. 다음을 보고 ○ × 체크하시오. (2점)

WEE는 폐 전기전자 제품 처리 기준이며, 생산자는 폐 전기전자 제품의 회수 처리의 의무 및 재활용에 대한 의무가 있음을 규정하고 있다.

1) ○   2) ×

03. 다음을 연결하시오. (2점)

모양공차 ○   ○ 평행도, 직각도

자세공차 ○   ○ 평면도, 원통도

위치공차 ○   ○ 동심도, 대칭도

04. 다음 용어와 의미를 연결하시오. (2점)

전도 ○   ○ 방안에 난로를 피우면 방 전체가 따뜻해지는 것

대류 ○   ○ 난로 옆에 가면 따뜻한 열기를 느낄 수 있는 것

복사 ○   ○ 고체 상태의 물질에서 분자의 운동으로 열이 전달

05. 다음 용어를 연결하시오. (2점)

MTBF ○   ○ 장치 고장까지의 평균 시간 즉, 평균 고장 간격

MTBA ○   ○ 작업자 지원이 필요하기까지의 평균 시간 즉, 평균 어시스터 간격

MTTR ○   ○ 장치 수리를 위한 평균 시간 즉, 평균 고장 시간

---

01. 2)   02. 1)   03. 2 1 3   04. 3 1 2   05. 1 2 3

4지선다 25EA (각 2점)

06. 70%구리와 30% Pb으로 구성되며 베어링 재료로 사용되는 구리 합금은?
① 캘밋 ② 포금 ③ 톰백 ④ 문쯔메탈

07. 오스테나이트 상태에서 냉각하여 Ms점과 Mf점사이에서 항온을 유지한 후 공기중에서 냉각하는방법이며, 마르텐사이트와 베이나이트 혼합 조직이 생성되는 항온 열처리 방법은
① 오스템퍼링 ② 마템퍼 ③ 마퀜칭 ④ 풀림

08. 500N·m 굽힘 모멘트를 전달받는 중실축의 지름은 29mm 일때, 축의 허용 응력(MPa)은?
(비틀림 모멘트는 0)
① 201 ② 209 ③ 302 ④ 320

09. 리벳에 발생하는 전단응력은(MPa)?

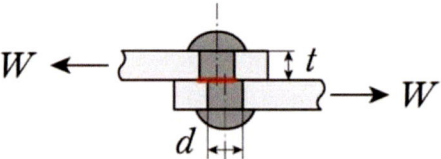

| W : 1000N   d : 10mm   t : 8mm |

① 12.7 ② 25.3 ③ 54.3 ④ 57.9

10. 다음중 응력에 대한 설명 중 맞는 것은?
① 물체에서 전단응력 0이 되는 특정 요소면에 작용하는 수직 응력을 등가응력 이라 한다
② 재료에 작용하는 하중을 변형 이전의 원래 단면적으로 나눈 값을 진응력이라 한다. .
③ 등가응력이 사용응력보다 크면 소성 변형이 발생하게 된다.
④ 안전율은 어떤 기계에 적용하는 재료의 설계상 허용 응력을 정하는 기준이다.

11. 개발 제품을 동작시키기 위해 필요한 요소들과 개발 제품으로 인해 발생되는 환경적 영향 요인이 아닌 것은?
① 전자기파 ② 전기에너지 ③ 가스공급 ④ 운전 인원

06. ① 07. ② 08. ② 09. ① 10. ④ 11. ①

12. 푸아송의 비(poisson's ratio)에 관한 설명으로 틀린 것은?
    ① 탄성 한도 이내에서는 일정한 값을 가진다.
    ② 프와송 비가 크면 인장에 의한 부피의 변화가 크다.
    ③ 비압축성 재료인 고무는 0.5의 값을 가진다.
    ④ 가로 변형률과 세로 변형률과의 비이다.

13. 다음과 같이 축의 외경(A)와 부시의 내경(B) 사이의 끼워 맞춤에서 최소 틈새가 0.40mm이고, 축의 최소 허용치수가 17.2 mm일 때, 축의 공차를 구하시오.

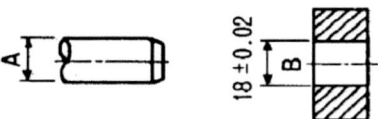

    ① 0.25   ② 0.32   ③ 0.38   ④ 0.42

14. 열전달 해석시에 입력 사항이 아닌 것은?
    ① 비열   ② 밀도   ③ 열팽창계수   ④ 열전달계수

15. 밀도의 정의가 맞는 것은?
    ① 물의 무게에 비하여 무게의 비율
    ② 1g의 물질을 1℃상승시키는데 필요한 열량
    ③ 1℃상승했을 때 늘어난 길이의 비율
    ④ 단위 부피당 질량

16. 다음 해석용 모델링의 요소 품질에 대한 바른 설명이 아닌 것은?
    ① 테이퍼는 요소가 직사각형 형상에서 벗어난 정도를 기하적으로 계산한 것이다.
    ② 뒤틀림은 요소의 평면에서 벗어난 정도를 나타낸다.
    ③ 종횡비는 요소의 세로 길이와 가로 길이의 비를 나타낸다.
    ④ 기운각은 직사각형에서의 벗어난 정도를 의미한다.

17. 동적해석의 조건에 따른 해석 수행에 대한 설명 중 틀린 것은?
    ① RFlex Body는 해석모델에 대해 Eigenvalue와 Normal Mode의 수에 따라 해석한다.
    ② FFlex Body는 해석모델이 다른 부품과 접촉하는 다물체 동역학 해석이 필요하다.
    ③ FFlex Body는 초깃값으로 초기 시간 간격과 Numerical Damping 값을 입력한다.
    ④ RFlex Body는 모델 변형이 비선형적인 특성이 매우 적은 곳에 사용한다.

12. ②   13. ②   14. ③   15. ④   16. ③   17. ④

18. 알루미늄 프로파일 소성가공 방법은?
    ① 압연   ② 압출   ③ 단조   ④ 프레스

19. 탄소강에서 탄소 함량이 증가할 때 증가하는 것은?
    ① 강도   ② 인성   ③ 연성   ④ 연신율

20. 나사에 대한 내용 중 맞지 않은 것은?
    ① 나사는 각국에서 모두 나사의 형상, 지름, 피치 등을 표준규격화하고 있다..
    ② 나사산의 단면 모양이 삼각형은 주로 결합용으로 사용된다.
    ③ 사다리꼴나사 및 사각나사는 운동용에 사용된다.
    ④ 관용 나사는 축방향의 힘이 한쪽으로 받는 운동용에 사용된다.

21. 열응력 해석결과 개선 방법 중 맞는 것은?
    ① 열전달계수가 높은 소재로 바꾼다.   ② 형상을 변경한다.
    ③ 두께를 증가시킨다.   ④ 사용 응력이 낮은 재료로 변경한다.

22. 다음은 무엇에 대한 설명인가?

    | 사람 또는 기계에서의 실동 시간에 대한 유효 실동 시간의 비율을 말하며, (유효실동시간) / (가동시간)'으로 나타낼 수 있다. |

    ① 노동율   ② 가동율   ③ 시행율   ④ 생산율

23. 뉴턴의 유체와의 관계된 변수(물리량)들을 나타낸 것이 아닌 것은?
    ① 속도   ② 압력   ③ 전단응력   ④ 점성계수

24. 레이놀즈 수와 반비례하는 것은?
    ① 밀도   ② 점성계수   ③ 속도   ④ 관의 지름

25. 다음 중 대류와 관련 사항이 아닌 것은?
    ① 방사율   ② 표면 온도   ③ 노출 면적   ④ 유체 온도

26. 유동 해석결과 중 이미지로 확인 가능한 것은?
    ① 안전율   ② 변형율   ③ 온도   ④ 응력

---

18. ② 19. ① 20. ④ 21. ② 22. ② 23. ② 24. ② 25. ① 26. ③

27. 요소를 조밀하게 할 부위에 대하여 올바른 위치는?
　　① 구멍이 많은 곳　　　　　　　　② 안전율이 급격하게 커지는 곳
　　③ 기하학적 형상이 급격하게 변하는 곳　　④ 불필요한 필렛이 많은 곳

28. 유체 입자 한 개를 따라다니면서 변화되는 성질을 연구하며, 경로선을 알 수 있는 방법은?
　　① 라그랑지안　　② 오일러　　③ 베르누이　　④ 나비에 스톡스

29. 주철에 대한 설명 중 틀린 것은?
　　① 구상흑연 주철은 용융철에 Ca,Ce, Mg을 첨가하여 구상화한다.
　　② 보통 주철의 인장강도는 400~800 MPa 이다.
　　③ 4.3%C를 기준으로 아공정주철, 공정주철, 과공정주철로 분류된다.
　　④ 칠드주철은 표면을 급냉하여 백주철화 시킨다.

30. 축 설계시 주요 고려해야 할 사항 중 다음 괄호에 들어갈 말은?

> 처짐과 비틀림 변형이 축을 받치고 있는 베어링에 압력 불균일로 인한 손상이 가지 않도록 (　　　　) 를(을) 가져야 한다.

　　① 강도　　　② 강성　　　③ 안전율　　　④ 마모

단답형 7EA (각 4점)

31. 나선과 유사한 형태의 링크로, 한 점에서 교차하는 두 축을 연결하여 토크를 전달할 때 사용하며, 한 축을 기준으로 한 회전에 위치가 결정되며, 자유도 1을 갖는 링크는?

32. 다음 빈칸을 채우시오.

> 베어링이 일정 회전속도로 사용될 경우, 베어링의 (　　　　)은 시간으로 나타내는 것이 편리하며, 자동차, 차량 등은 일반적으로 주행거리로 표시한다.

33. 다음 빈칸을 채우시오.

> 눈으로 보기에 흐트러짐 없이 조용히 흘러가는 유동을 층류유동이라고 하며, 흰 거품을 일으키며 서로 뒤섞이면서 복잡하게 흘러가는 유동을 난류유동이라고 한다. 이 두 유동의 중간쯤에 해당하는 유동을 (　　　　) 이라고 한다.

27. ③　28. ①　29. ②　30. ②　31. 유니버설　32. 피로수명　33. 천이유동

34. 일정 사실에 대하여 제출하는 의미이며, 법률의 규정에 의하여 국가 또는 지방 자치 단체나 기 타 공공 단체에 법률 사실이나 어떤 사실에 대해 서면으로 작성된 서류를 제출하는 행위는 무엇인가?

35. 단위 면적의 단위 시간 에너지는?

36. 강이나 주철로 된 작은 입자(Φ0.5~1mm)들을 금속 표면에 고속으로 분사시켜서 가공 경화에 의하여 표면의 경도를 높이는 방법으로 휨과 비틀림의 반복 응력을 받는 스프링류의 피로 한도를 증가시켜 수명을 길게 하는 데 적용되는 표면 경화법은?

37. 가공된 제품의 표면에 작은 구간에서의 기복은 무엇인가?

계산형 3EA (각 4점)

38. 3차원 구조 해석에서 절점 200개 일때 자유도는 몇 개인가?

    〈답〉

39. 그림과 같은 평면 응력 상태에서 최대 주응력은?
    (단, σx=500MPa, σy=-300MPa, txy=-300MPa이다.)

    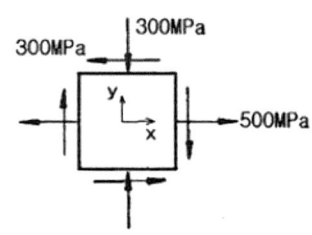

    〈풀이과정〉

    〈답〉

40. 그림과 같은 도면에서 구멍 지름을 측정한 결과 10.1 일 때 평행도 공차의 최대 허용치는?

    〈풀이과정〉

    〈답〉

34. 신고   35. 히트플럭스   36. 숏피닝   37. 표면거칠기   38. 300   39. 600   40. 0.3

03 2024년 1회

01. 다음을 보고 ○ × 체크하시오. (2점)

품의서는 일의 집행을 시작 전에 결재권자에게 특정한 사안을 승인해줄 것을 요청하는 문서이다.

1) ○ 2) ×

02. 다음을 보고 ○ × 체크하시오. (2점)

벡터는 절점을 기준으로 방향과 크기를 갖는다.

1) ○ 2) ×

03. 다음을 연결하시오. (2점)

억지끼워맞춤   ○   ○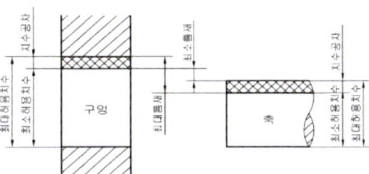

중간끼워맞춤   ○   ○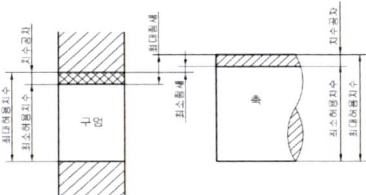

헐거운끼워맞춤 ○   ○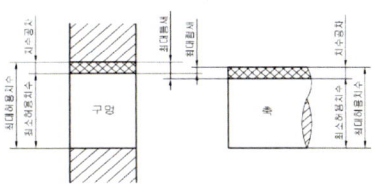

---

01. 1) 02. 1) 03. 2 3 1

04. 다음 단위를 연결하시오. (2점)
　　열전도율　　　○　　　　　　　○ kg/m^3
　　대류열전달계수 ○　　　　　　　○ W/(m·K)
　　밀도　　　　　○　　　　　　　○ W/(m2K)

05. 다음 용어를 연결하시오. (2점)
　　MTBF　○　　　○ 장치 고장까지의 평균 시간 즉, 평균 고장 간격
　　MTBA　○　　　○ 작업자 지원이 필요하기까지의 평균 시간 즉, 평균 어시스터 간격
　　MTTR　○　　　○ 장치 수리를 위한 평균 시간 즉, 평균 고장 시간

4지선다 25EA (각 2점)

06. 다음 그림은 단자유도계의 구조해석에서 사용하는 지배방정식의 도식이다.
　　스프링 변위 x(t) 의 비례, 반비례 관계가 맞는 것은?

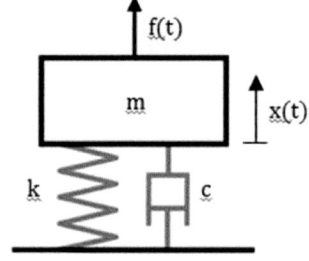

$$m\ddot{x} + c\dot{x} + kx = f(t)$$
· m　　질량
· c　　감쇠계수 (damping coefficient)
· k　　스프링상수 (spring constant)
· x(t)　변위
· f(t)　외력

① 스프링 상수 k 에 반비례한다.
② 중력가속도 g 에 반비례한다.
③ 감쇠 계수 c 에 반비례한다.
④ 질량 m 에 반비례한다.

07. 레이놀즈 수와 반비례하는 변수는?
　　① 관의 지름　　② 유체의 속도　　③ 유체의 밀도　　④ 유체의 점성계수

08. 요소의 사각형이 평면에서 벗어난 정도는 무엇인가?
　　① 뒤틀림　　② 비틀림　　③ 기운각　　④ 종횡비

09. 핀의 종류와 용도 설명이 맞는 것은?
① 평행 핀은 체인 부품을 연결할 때 사용한다.
② 분할핀은 크랭크축을 고정할 때 사용한다.
③ 테이퍼핀은 알루미늄 부품을 고정할 때 사용한다.
④ 스프링핀은 너트의 풀림 방지용이다.

10. 다음 해석의 천저리 조건에 대한 바른 설명이 아닌 것은?
① 3차원 솔리드 요소의 수를 적게 하기 위해서 대칭 조건을 사용한다.
② 열전달 해석의 요소는 정적 해석과 동일한 요소를 선택한다.
③ 3차원 솔리드 요소를 2D로 단순화하는 경우에는 형상을 대변하는 면과 두께로 바꿀 수 있다.
④ 모달해석에서 대칭 조건을 수행하여 해석 시간을 줄인다.

11. 탄성 영역과 소성 영역의 경계는?
① 주응력　　② 등가응력　　③ 항복응력　　④ 극한응력

12. 다음 문장의 괄호에 들어갈 말은?

| 취성재료의 안전율은 극한 인장 응력과 (_____)의 비율로 계산한다 |

① 주응력　　② 등가응력　　③ 항복응력　　④ 극한응력

13. 표면의 딱딱함의 정도를 표시 하며, 일반적으로 압입에 대한 저항은?
① 취성　　② 경도　　③ 강도　　④ 탄성

14. 탄소강에서 탄소 함량이 증가할 때 감소하는 것은?
① 항복강도　　② 인장강도　　③ 경도　　④ 연신율

15. 구상흑연주철에 대한 설명 중 틀린 것은?
① 백주철에 풀림 처리하고 유리시멘타이트를 흑연화한다.
② 불스 아이처럼 생긴 페라이트 조직이 나타난다.
③ 펄라이트 조직이 증가하여 내충격성이 좋다.
④ 인장 강도는 400~800N/mm² 이다.

09. ①　10. ④　11. ③　12. ①　13. ②　14. ④　15. ①

16. 황동 중 금과 같은 광택을 내는 것은?
    ① 포금   ② 톰백   ③ 쾌삭황동   ④ 문쯔메탈

17. 열응력 해석결과 개선 방법 중 틀린 것은?
    ① 열전달계수가 높은 소재로 바꾼다.
    ② 형상을 변경한다.
    ③ 두께를 증가시킨다.
    ④ 항복 응력이 높은 재료로 변경한다.

18. 유동 해석결과 중 이미지로 확인 불가한 것은?
    ① 압력   ② 속도   ③ 온도   ④ 응력

19. 일반적으로 금지되어 있는 행위를 특정한 경우에 허가하거나, 특정한 권리를 설정하는 행정 행위는?
    ① 면허   ② 승인   ③ 허가   ④ 보고

20. 그림과 같은 기하공차 기호에 대한 설명으로 맞는 것은?

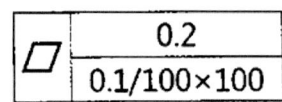

    ① 위치 공차를 나타낸다.
    ② 지시된 부위에 대해 공차값 0.2mm를 만족해야 한다.
    ③ 지정넓이 100mm× 100mm에 대해 공차값 0.1mm를 만족해야 한다.
    ④ 이 기하공차 기호에서는 두 가지 공차조건 중 하나만 만족하면 된다.

21. 제조업자가 고지했으면 막을수 있었던 결함은 무엇인가?
    ① 설계상결함   ② 제조상결함   ③ 표시상결함   ④ 경영상결함

22. 점에서 교차하는 두 축을 연결하여 토크를 전달할 때 사용하며 , 한 축을 기준으로 한 회전에 위치가 결정되며, 자유도 1을 갖는 링크는?
    ① 회전   ② 구면   ③ 유니버셜   ④ 나선

23. 유한 요소에 대한 바른 설명이 아닌 것은?
    ① 요소 표시의 앞의 숫자 3-, 4-, 8- 등은 자유도 수를 나타낸다.

16. ② 17. ① 18. ④ 19. ① 20. ③ 21. ③ 22. ③ 23. ①

② 절점은 요소를 묶어주는 역할을 한다.
③ 스칼라 함수의 하나의 절점에는 하나의 자유도가 부여된다.
④ 요소 수가 많아지면 해석 시간이 많이 소요되어 비경제적이다.

24. 해석결과 오차의 원인으로 옳지 않은 것은?
① 요소를 과도하게 많이 나누어서 발생
② 불필요한 필렛 구멍등을 없애서 발생
③ 컴퓨터가 반올림해서 발생
④ 재질이 100% 균일하지 않아서 발생

25. 치수 공차의 용어 설명 중 틀린 것은?
① 기준 치수는 기준이 되는 치수이다.
② 허용한계치수는 허용할 수 있는 대소 2개의 극한의 치수이다.
③ 최대 허용 치수는 어떤 형체가 허용할 수 있는 최대 치수이다.
④ 치수 공차는 최대 허용 치수와 기준치수와의 차이다.

26. 나사와 짝지어진 용도가 틀린 것은?
① 톱니 나사는 축 방향의 힘이 한쪽으로만 힘을 받는 곳에 사용되고 잭, 프레스에 사용된다.
② 사각 나사는 교반 하중을 받을 때 효과적인 운동용 나사이다.
③ 유니파이 나사는 나사호칭에 관한 숫자, 1[inch]당 나사산수, 나사의 종류의 순으로 표기한다.
④ 미터 나사는 나사산 각이 30°인 미터계 삼각 나사로 ISO가 국제 규격으로 채용하였다.

27. 베어링을 설계할 때 고려하지 않아도 되는 것은?
① 마찰 저항을 줄인다.
② 평면 베어링의 간격을 없앤다.
③ 축과 베어링의 진동을 고려한다.
④ 과도한 열의 발생으로 인한 베어링의 사용 온도를 높이지 말아야 한다.

28. 고주파 가공에 대한 설명중 틀린 것은?
① 국소가열 가능하다.
② 양산과 전자동화가 가능하다.
③ 담금질 경화층 깊이를 조절할 수 있다.
④ 급열, 급냉으로 인한 변형이 없다.

24. ① 25. ④ 26. ④ 27. ② 28. ④

29. 회전방향을 직각으로 변경할 경우에 사용되고 자동차의 구동장치에 사용되는 기어는?
    ① 평기어   ② 베벨기어   ③ 헬리컬기어   ④ 래크와 피니언

30. 정적구조해석 수행시 입력해야 할 고유 물성치가 아닌 것은?
    ① 밀도   ② 변형률   ③ 탄성계수   ④ 포아송의 비

단답형 7EA (각 4점)

31. 괄호에 들어갈 말은
    소성 가공법의 하나인 (_____) 가공은 소재를 주형에 넣어서 프레스로 찍으며, 판재의 성형에 적합하다.

32. 서로 다른 물리계의 해석 시스템을 연결하여 상호 작용하는 조건들을 고려하면서 해석을 수행하는 것은?

33. A3~A1 변태점보다 30~50℃ 높은 온도까지 가열 후 노속에서 천천히 냉각하여 조직을 균일하게 하고, 결정 입자의 조정, 연화 또는 냉간 가공에의 한 내부응력을 제거하는 일반 열처리는?

34. 전산유동해석의 결과에서, 임의의 순간 유체의 각 위치에서 접선의 흐름 방향은 무엇인가?

35. 대형 사고가 발생하기 전에 그와 관련된 수많은 경미한 사고와 징후들이 반드시 존재한다는 것을 밝힌 법칙은?

36. 다음 설명은 무엇에 대한 것인가?

   해석모델이 다른 부품과 접촉하는 다물체 동역학 해석이 필요하다. 이에 따라 해석 모듈에서도 부가적인 파라미터를 입력하여야 한다. 사용하는 전산 해석 프로그램의 종류에 따라 입력 데이터의 종류와 개수에는 차이가 있다. 부품 사이의 접촉에 대한 초깃값으로 초기 시간 간격과 Numerical Damping 값을 입력하는 것이 일반적이다.

37. 열변형률 계산을 위한 재료의 계수로 단위 온도당 변형률은?

---

29. ②   30. ②   31. 프레스   32. 연성해석   33. 풀림   34. 유선   35. 하인리히법칙
36. 유연체동적구조해석 (flexible body)   37. 열팽창계수

계산형 3EA (각 4점)

38. 다음과 같은 평면응력상태에서 최대전단응력은?

> x 방향 인장응력 : 175 MPa
> y 방향 인장응력 : 35 MPa
> xy 방향 전단응력 : 60 MPa

〈풀이과정〉

〈답〉

39. 지름이 2 cm, 길이가 20 cm인 연강봉이 30kN 인장하중을 받을 때 길이는 0.016 cm만큼 늘어나고 지름은 0.0004 cm만큼 줄었다. 이 연강봉의 포아송 비는?

〈풀이과정〉

〈답〉

40. 데이텀 피쳐와 공차붙이 피처가 최대실체일 때, 최소벽두께는 얼마인가?

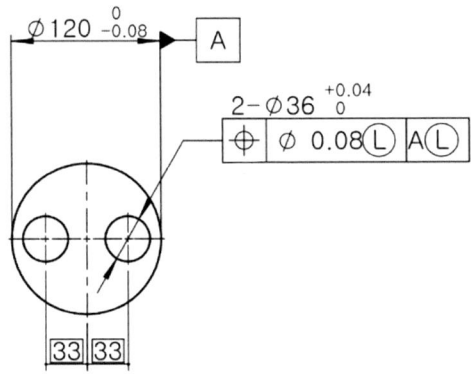

〈풀이과정〉

〈답〉

38. 92MPa   39. 0.25   40. 9mm

Step1 SOLIDWORKS Simulation (기계설계기사 해석)

초판 1쇄 인쇄 2024년 8월 15일
초판 1쇄 발행 2024년 8월 20일

저　자	문석봉
발행인	유미정
발행처	도서출판 청담북스
주　소	(우)10909 경기도 파주시 하우3길 100-15(야당동)
전　화	(031) 943-0424
팩　스	(031) 600-0424
등　록	제406-2009-000086호
정　가	25,000원
ISBN	979-11-91218-34-3　93550

※이 책은 저작권법에 따라 보호를 받는 저작물이므로 무단 전재나 복제를 금지하며,
　이 책 내용의 전부 또는 일부를 이용하려면 반드시 저작권자나 발행인의 서면동의를 받아야 합니다.

※잘못된 책은 구입하신 서점에서 교환하여 드립니다.

교재문의 wleks@hanmail.net
책의 내용에 대해 궁금하신 점이 있으면 위의 이메일로 문의하시기 바랍니다.